中国地质调查局项目(1212011220756)
国家自然科学基金项目(41772143、41302111) 联合资助

漠河盆地侏罗系陆相泥页岩储层特征及页岩气资源潜力

MOHE PENDI ZHULUOXI LUXIANG NIYEYAN
CHUCENG TEZHENG JI YEYANQI ZIYUAN QIANLI

侯宇光 何 生 陈树旺 著

内容简介

本书,基于大量的野外地质调查和研究工作,全面阐述了漠河盆地中侏罗统陆相泥页岩发育的构造地质背景、沉积环境和空间展布规律,系统分析了中侏罗统陆相泥页岩的矿物组成、有机地球化学和储层孔隙结构特征,深入论述了中侏罗统陆相泥页岩的生烃能力、储集能力、可压裂性及其影响因素;最后,对漠河盆地陆相页岩气资源进行了潜力评价和有利区带预测。

本书,可供从事"页岩油气"地质勘探与开发、页岩油气资源潜力评价等相关研究与生产的企、事业单位研究人员和高等院校师生参考。

图书在版编目(CIP)数据

漠河盆地侏罗系陆相泥页岩储层特征及页岩气资源潜力/侯宇光,何生,陈树旺著.—武汉:中国地质大学出版社,2020.10

ISBN 978-7-5625-4959-8

Ⅰ.①漠…

Ⅱ.①侯… ②何… ③陈…

Ⅲ.①侏罗纪-陆相盆地-泥岩-储集层特征②侏罗纪-陆相盆地-泥岩-油页岩资源-资源潜力

Ⅳ.①P618.130.2

中国版本图书馆 CIP 数据核字(2020)第 263226 号

漠河盆地侏罗系陆相泥页岩储层特征及页岩气资源潜力	侯宇光 何 生 陈树旺 著
责任编辑:舒立霞 选题策划:洪梦茜 舒立霞	责任校对:张咏梅
出版发行:中国地质大学出版社(武汉市洪山区鲁磨路388号)	邮编:430074
电 话:(027)67883511 传 真:(027)67883580	E-mail:cbb@cug.edu.cn
经 销:全国新华书店	http://cugp.cug.edu.cn
开本:787毫米×1092毫米 1/16	字数:205千字 印张:8
版次:2020年10月第1版	印次:2020年10月第1次印刷
印刷:湖北睿智印务有限公司	
ISBN 978-7-5625-4959-8	定价:86.00元

如有印装质量问题请与印刷厂联系调换

前　言

近年来,页岩气因其相对于煤炭、石油燃烧清洁,且具有分布广、生产周期长和产量稳定等较多优点,得到全球很多国家的重视。我国在2012年将页岩气划归为独立矿种,对页岩气开采企业给予补贴,陆续在四川盆地、鄂尔多斯盆地和贵州等地取得了勘探突破。漠河盆地是松辽盆地外围有利含油气远景盆地之一,一直被认为是东北地区潜在的油气资源接替区。然而,由于漠河盆地油气勘探程度低,尚未实现常规油气勘探的突破。在全国开展非常规油气资源评价和勘探的大背景下,漠河盆地内潜在的生物气、天然气水合物和页岩气等非常规油气资源逐渐引起了人们的重视。为此,中国地质调查局在黑龙江冻土区开展了一系列页岩气资源和天然气水合物资源的调查、评价与研究工作。

2012—2016年,在中国地质调查局项目"黑龙江省漠河盆地演化机制与天然气资源前景研究"(1212011220756)的资助下,由中国地质调查局统一部署,中国地质大学(武汉)协同黑龙江省九〇四水文地质工程地质勘察院,基于大量的野外地质调查,结合浅钻取芯和AMT音频大地电磁测量,特别是系统的分析测试工作,对漠河盆地常规油气资源和页岩气资源潜力进行了较为全面的分析与评价。主要参加人员包括:中国地质大学(武汉)何生、侯宇光、唐大卿、邢相勤、王建广、程春阳、任克雄、刘宇坤、刘书华、田运宽、赵林、彭剑、范超等;黑龙江省九〇四水文地质工程地质勘察院张峰龙、李永利、朱静、王秀军、方玥绯、石雷等。项目成果为本书的完成提供了重要支撑。

取得的研究进展与认识:①漠河盆地中侏罗统二十二站组和额木尔河组陆相泥页岩主要发育于三角洲前缘和滨浅湖沉积体系中,暗色泥岩残余厚度大、分布广,由南向北、由东向西逐渐增加,具有单层厚度小、层数多和累计厚度大的特点。②泥页岩具有高有机碳含量、低生烃潜量的特点;有机质沉积时期为还原的淡水-微咸水湖相环境,母质来源中陆源高等植物输入占优,有机质类型以偏腐殖型(II_2、III型)为主;整体上已进入成熟阶段,受逆冲推覆构造的动力变质作用影响,西北部泥页岩已进入高—过成熟阶段,东南部相对较低,以低—中等成熟为主。③泥页岩矿物成分主要包括石英、长石、方解石和黏土矿物,黏土矿物以伊利石和绿泥石为主;黏土矿物含量偏高(>45%)和以陆源碎屑石英为主的脆性矿物组合,决定了陆相泥页岩的可压裂性,是其面临的重要挑战之一。④泥页岩储层的孔隙类型以黏土矿物晶间孔和长石溶孔为主,有机孔和骨架矿物粒间残余孔发育较少,且主要由中孔和大孔构成;储集致密,总体上表现为低孔隙度和极低渗透率的特征;有机质类型差、东部泥页岩成熟度相对较低、西部构造挤压强烈是导致研究区有机孔隙不甚发育的重要原因;而成岩过程中的黏土矿物转化和碎屑长石溶解是促使研究区无机孔隙发育的有利因素;微裂缝可以被视为提高陆相泥页岩孔隙度和渗透率的重要机制。⑤通过与国内外典型页岩气勘探层系进行对比分析,认为漠河盆地侏罗系陆相泥页岩具备一定的页岩气富集条件和资源潜力,其中,位于额木尔河逆冲推覆带前缘区的兴安镇西南至龙河林场以北的区域是漠河盆地页岩气勘探的有利区带。

  中国地质调查局沈阳地质调查中心、油气资源调查中心的领导和专家在项目进行过程中给予了多方面的指导、支持和帮助。项目的后续研究还得到了国家自然科学基金项目"有机质石墨化对南方下古生界海相页岩有机质孔隙结构的影响"(41772143)、"中扬子下古生界高演化海相页岩有机质孔隙微观结构差异性及富集规律"(41302111),以及国家科技重大专项"页岩气区域选区评价方法研究"(2016ZX05034002-003)的资助,进一步凝练和提升了相关研究成果。本书有已毕业研究生王建广、任克雄和田运宽的部分研究成果;在编写过程中,图件编辑、文字校正和参考文献整理等方面得到了李欣诚、段振楠、李俊杰、曾宇、余锐、陈芳等研究生的帮助,在此一并表示感谢。

  本书第一章由侯宇光、何生和陈树旺编写;第二章至第五章由侯宇光编写;第六章由何生和侯宇光编写。全书最终由侯宇光统稿。

  由于笔者的知识水平与研究能力有限,书中难免存在不足之处,敬请读者批评指正。

著者
2020 年 9 月

目　录

第一章　区域地质概况 ……………………………………………………………………………（1）
　　第一节　区域构造位置 ……………………………………………………………………（1）
　　第二节　地层层序与沉积演化 ……………………………………………………………（2）
　　第三节　构造特征 …………………………………………………………………………（5）
　　第四节　油气地质概况 ……………………………………………………………………（9）

第二章　页岩沉积特征及分布规律 ………………………………………………………（13）
　　第一节　典型露头和钻井特征 ……………………………………………………………（13）
　　第二节　页岩分布特征 ……………………………………………………………………（29）

第三章　页岩矿物组成与脆性分析 ………………………………………………………（34）
　　第一节　全岩矿物组成 ……………………………………………………………………（34）
　　第二节　黏土矿物组成 ……………………………………………………………………（40）
　　第三节　页岩脆性分析 ……………………………………………………………………（45）

第四章　泥页岩有机地球化学特征 ………………………………………………………（48）
　　第一节　有机质丰度特征 …………………………………………………………………（48）
　　第二节　有机质类型 ………………………………………………………………………（54）
　　第三节　有机质成熟度 ……………………………………………………………………（57）
　　第四节　生物标志化合物 …………………………………………………………………（60）
　　第五节　生烃潜力分析 ……………………………………………………………………（65）

第五章　泥页岩储层孔隙结构特征 ………………………………………………………（66）
　　第一节　页岩纳米级孔隙研究方法 ………………………………………………………（66）
　　第二节　储层孔隙类型 ……………………………………………………………………（69）
　　第三节　储层孔径分布特征 ………………………………………………………………（73）
　　第四节　储层物性特征 ……………………………………………………………………（80）
　　第五节　裂缝发育特征 ……………………………………………………………………（83）
　　第六节　孔隙结构影响因素及储集性能分析 ……………………………………………（91）

第六章　页岩气资源潜力与有利区带预测 ………………………………………………（98）
　　第一节　页岩气富集条件对比分析 ………………………………………………………（98）
　　第二节　构造保存条件分析 ………………………………………………………………（105）
　　第三节　页岩气有利区预测 ………………………………………………………………（110）

主要参考文献 ………………………………………………………………………………（112）

第一章　区域地质概况

第一节　区域构造位置

漠河盆地位于我国最北端,黑龙江省西北部,行政区划上位于大兴安岭地区的漠河、塔河、呼玛 3 个行政县区域。盆地长约 300km,宽约 80km,东西向展布,与俄罗斯境内的上阿穆尔盆地同属一个盆地,在我国境内面积为 21 500km²。地理坐标为 N52°48′—53°28′,E121°30′—125°32′,盆地北部和东部穿过黑龙江延入俄罗斯境内,西部延入蒙古国境内(张顺等,2003;吴河勇等,2003a,2003b,2004)。盆地现今海拔呈现西高东低的特点,盆地内部多处发现常年冻土带,其绝大部分被森林、植被覆盖。

大地构造上归属蒙古-鄂霍茨克褶皱带中的额尔古纳地块(图 1-1)。东侧为布列雅地块,北、西侧与西伯利亚板块相邻,处于西伯利亚板块和中国东北拼贴板块碰撞缝合的部位(和政军等,2003;吴根耀等,2006;李春雷,2007;王骞,2007;张兴洲等,2012,2015)。

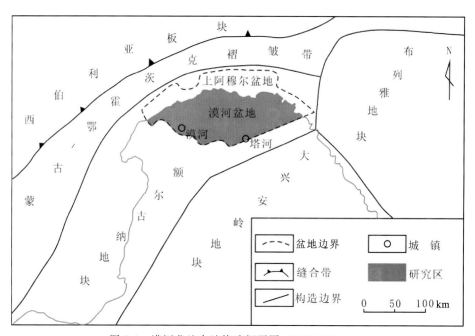

图 1-1　漠河盆地大地构造纲要图(据和钟铧等,2008)

第二节 地层层序与沉积演化

漠河盆地基底为三叠纪结晶变质岩和前寒武纪花岗岩,主要由古元古界兴华渡口群、兴东期及张广才岭期侵入岩,古生界下泥盆统泥鳅河组、霍龙门组,加里东期、海西期侵入岩组成(侯伟等,2010a;孙求实,2013)。

侏罗纪地层纵向上由老到新依次为绣峰组、二十二站组、额木尔河组和开库康组(图1-2,表1-1),该展布顺序和接触关系是众多学者的统一认识(Dobretsov and Sklyarov,1988;吴河勇等,2003a;辛仁臣等,2003;和钟铧等,2008;侯伟等,2010b,2010c;孙求实,2013)。但在所属地层时代方面,众多学者的研究有较大的争议。吴河勇等(2003a)对额木尔河群的双壳类、腹足类、介形类、植物、孢粉等化石资料进行统计研究,认为其时代为晚侏罗世,此后一部分学者沿用了他划定的地层时代,并在之上重新厘定了上侏罗统。但随着同位素定年和孢粉等化石资料的不断补充和更新,目前较多学者认为额木尔河群的时代为中侏罗世,并认为中侏罗统二十二站组和额木尔河组是主要的烃源岩层段。肖传桃等(2015)首次系统研究了漠河盆地额木尔河群的古植物群,统计出蕨类植物共计8属15种、裸子植物共计15属29种,并认为该植物群时代应为中侏罗世。

本书综合前人关于额木尔河群的同位素测年、孢粉化石特征和古植物群的种属特征,将绣峰组、二十二站组、额木尔河组和开库康组时代划归为中侏罗世,将塔木兰沟组、上库力组、伊列克得组的时代定为早白垩世(张兴洲等,2015;肖传桃等,2015;任克雄,2016)。因此,漠河盆地地层序列主要由中侏罗统、下白垩统组成,缺失三叠系、下侏罗统、上侏罗统及上白垩统,地层总厚度3000~8000m。地层序列详见表1-1。

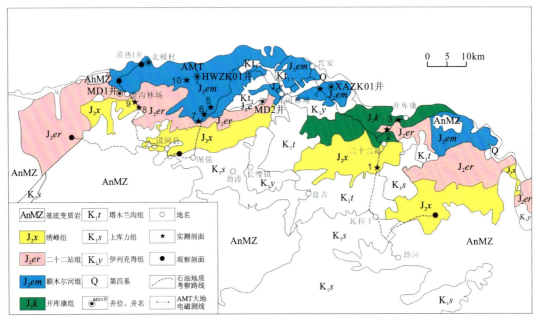

图1-2 漠河盆地地层分布图

从各组的分布范围来看,绣峰组分布最广,二十二站组范围次之,额木尔河组主要分布在中北部和东部局部地区,而开库康组分布最为局限(图1-2),4套地层的分布范围明显具有逐渐向北、东北方向迁移并逐渐缩小的趋势。盆地从南向北,地层逐渐变新、粒度逐渐变细,地层沉积演化规律明显:即从绣峰组、二十二站组、额木尔河组到开库康组具有扇三角洲-湖泊→辫状河三角洲-湖泊→扇三角洲-湖泊的沉积演化规律。中侏罗统可构成一个完整的粒度由粗到细、再由细到粗的沉积演化旋回(吴河勇等,2003a,2004;和钟铧等,2008;侯伟等,2010c)。

表1-1 漠河盆地地层简表

界	系	统	组	厚度/m	分布及岩性
新生界	第四系			45	漠河盆地内河流两岸广泛分布。主体为细沙、黏土、亚黏土,少见砾石
	新近系	中—上新统	金山组($N_{1-2}j$)	90	零星出露于黑龙江南岸。夹褐红色亚黏土的含砂砾岩与未固结或半固结巨砾层、砾石层互层
中生界	白垩系	下统	伊列克得组(K_1y)	596.3	分布于漠河县额木尔河中游、胜利林场、呼玛河下游、图强至丽山、呼中镇一带。浅黄色、暗绿紫色、暗灰色杏仁状玄武岩及黑灰色玄武岩
			上库力组(K_1s)	>1600	分布于图强、阿木尔、龙河林场、二根河等地。下部为深红色、紫色、黄褐色砾岩,灰色砂岩,细、中粒长石岩屑砂岩及少量晶屑凝灰质砂岩;中部为凝灰岩、英安质凝灰岩、少量泥灰岩和碎屑,晚期为酸性火山喷发岩;上部为砾岩、含砾粗砂岩、砂岩、粉砂岩夹凝灰岩及煤层。产双壳类、叶肢介、植物化石
			塔木兰沟组(K_1t)	1161	分布于樟岭—盘古以北、二十六站、二十七站以及长山林场、龙河林场以东等地。紫色、灰绿色、灰黑色、块状、杏仁状或气孔状玄武岩,底部为中细粒砾岩及玄武质角砾凝灰岩
	侏罗系	中统	开库康组(J_2k)	805.3	沿黑龙江南岸二根河至开库康之间等地分布。下部以灰色、黄褐色复成分砂岩为主,砾岩次之,夹灰黑色粉砂岩、细砂岩、泥质粉砂岩;上部以灰色、灰褐色砾岩为主,黄绿色、灰色复成分砂岩次之,夹灰黑色细粉砂岩、粉砂岩。含有植物化石
			额木尔河组(J_2em)	3979.5	分布于大小丘古拉河、老沟、小北沟、二十八站、兴安乡以及二十二站等地。下部以中细砂岩、粗砂岩为主,夹砾岩、粉细砂岩及泥质页岩;上部以中细砂岩与粉砂岩、碳质页岩、泥质页岩互层为主,夹粗砂岩及煤层。产腹足类、介形类、植物和孢粉化石
			二十二站组(J_2er)	4400.6	分布于马林林场、河湾林场、二十二站、瓦拉干林场、依沙溪河与乌西其河中下游、老沟西南梁和小丘古拉河等地。以灰黑色、灰绿色粉、细、中、粗粒长石岩屑砂岩、泥质粉砂岩互层为主,局部夹含砾砂岩、砂砾岩、泥岩及煤线。产双壳类、介形类、植物和孢粉化石
			绣峰组(J_2x)	2806.1	分布于门都里东山科多提埃沙基河以及前哨林场等地。下部以砂砾岩、砾岩为主,夹细砂岩;中部以岩屑长石砂岩为主,夹砂质凝灰岩、粉砂岩、泥岩及煤线;上部以砂岩为主,夹细砂岩。产植物和孢粉化石

一、绣峰组(J_2x)沉积相分布特征

绣峰组沉积期是盆地的初始沉降阶段,开始接受沉积,发育了扇三角洲-湖泊沉积体系。盆地的物源供给主要来自南部,物源供给充足,沉积相从南向北为扇三角洲平原—扇三角洲前缘—滨浅湖(图1-3)。

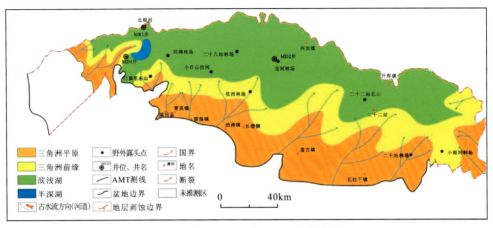

图1-3 漠河盆地绣峰组沉积相分布图

二、二十二站组(J_2er)沉积相分布特征

沉积相相带呈半环带状分布,在漠河盆地南部的MD1井、门都里东山、小丘古拉河、MD2井、长缨镇和二十二站等地区分布着多个辫状河三角洲物源体系,滨浅湖分布广泛。在二十八站以北分布连续的泥岩露头,泥岩厚度逐渐增加,砂岩厚度逐渐减小,并且在二十八站林场干线与S209交线以西也存在10~20m的厚层泥岩出露,可以认为水体由南向北逐渐变深。推测半深湖-深湖沉积主要沿黑龙江分布于漠河乡—乌苏里—兴安镇—开库康一带。整体上,二十二站组沉积期具有从靠近盆地南部边界向北依次发育辫状河、辫状河三角洲、滨浅湖、半深湖的特征(图1-4)。

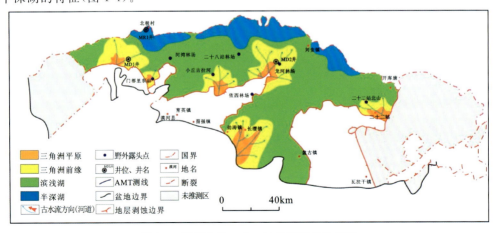

图1-4 漠河盆地二十二站组沉积相分布图

三、额木尔河组(J_2em)沉积相带分布特征

额木尔河沉积期湖盆范围进一步扩展,物源体系向源后推,主要存在 MD1 井、MD2 井和长缨镇等几个辫状三角洲物源体系。该时期湖盆面积扩大,滨浅湖相和湖沼亚相分布广泛,半深湖-深湖分布范围相对二十二站组向北推移,研究区水体变浅(图1-5)。

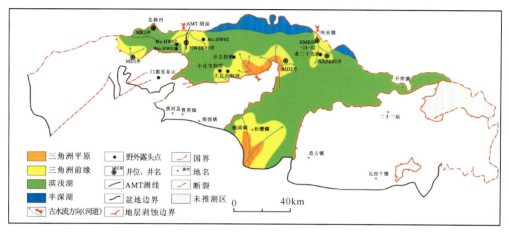

图1-5 漠河盆地额木尔河组沉积相分布图

综合分析认为:在额木尔河组沉积中后期(现今地表露头和钻井浅部),漠河盆地主要发育辫状河三角洲和滨浅湖沉积体系;并且,受湖盆变浅、物源丰富的影响,源自盆地南部的辫状河三角洲砂体向北部沉积中心位置延伸距离较长,较深湖沉积向北部萎缩明显,基本沿黑龙江一线附近分布,再向北进入俄罗斯境内的上阿穆尔盆地。

四、开库康组(J_2k)沉积相带分布特征

漠河盆地水体迅速减退,沉积中心向东北方向转移,整体上以粗碎屑沉积为主,主要由近缘的扇三角洲沉积体系构成。

漠河盆地中侏罗统地层沉积体系分析表明:绣峰组和开库康组沉积时期,湖盆水体规模较小、深度较浅,沉积相为扇三角洲和湖泊相,发育的泥岩厚度较薄。二十二站组和额木尔河组沉积时期,沉积相为辫状河三角洲和湖泊相,湖盆水体规模较大、深度较深,发育的泥岩厚度较厚,是漠河盆地主力烃源岩和有利储集岩层位。

第三节 构造特征

一、盆地类型与演化

张顺等(2003)、吴河勇等(2003a,2004)、王骞(2007)和李春雷(2007)认为漠河盆地形成跟蒙古-鄂霍茨克洋由西向东逐渐关闭有关,其经历了早期(约石炭纪)张裂(盆地原型形成)、

侏罗纪断坳和白垩纪抬升萎缩3个演化阶段,且漠河盆地主体为侏罗纪断陷盆地。而和政军等(2003)和吴根耀等(2006)认为漠河盆地不是断坳型盆地,提出其很可能是侏罗纪陆内造山而产生的磨拉石盆地,有前陆盆地的特点。张兴洲等(2012,2015)在收集、汇总前人关于漠河盆地内火山岩锆石同位素测年等研究成果的基础上,结合俄罗斯学者在该地区的研究成果(Dobretsov and Sklyarov,1988),通过盆地尺度的动力学研究,认为漠河盆地的形成与蒙古-鄂霍茨克洋的消失没有关系,认为蒙古-鄂霍次克缝合带在侏罗纪时期已不具备向大兴安岭地区俯冲的构造背景。在早—中侏罗世,西伯利亚板块和华北板块分别向东北大陆北缘、南缘逆冲、挤压,使其处于南、北两向挤压构造背景,从而形成东西向展布的漠河前陆盆地。

虽然目前众多学者关于漠河盆地具体的构造演化过程存在较大的争议,特别是盆地的原型和侏罗纪时期盆地受力的动力来源方面(张顺等,2003;和政军等,2003;吴根耀等,2006;李春雷,2007;和钟铧等,2008;张兴洲等,2012,2015),但是对盆地在地质历史时期所经历的大的构造背景具有较为一致的认识(辛仁臣等,2003;和钟铧等,2008;侯伟等,2010b,2010c;孙求实,2013),大致分为3个阶段:

第一阶段,侏罗纪末期,西伯利亚板块向南挤压形成蒙古-鄂霍茨克褶皱带,同时,受大西洋库拉板块向北北西挤压作用(或西伯利亚板块和华北板块分别向东北大陆北缘、南缘逆冲、挤压)影响,漠河盆地整体处于挤压环境中,对应于中侏罗世原型盆地的形成阶段和晚期的挤压回返阶段。

第二阶段,白垩纪时期,蒙古-鄂霍茨克洋从西向东闭合,由于太平洋板块向西俯冲加剧,弧后扩张作用在漠河盆地形成了拉张环境,对应着火山断陷盆地阶段。

第三阶段,白垩纪以后,盆地至少出现两次较大的抬升和剥蚀,盆地进入抬升萎缩阶段。

二、构造单元划分

基于对盆地构造原型和演化阶段的分析,考虑现今构造特征是油气保存的重要条件,本书采用张顺等(2003)的构造单元划分方案。依据基底形态、断裂特征、沉积岩和火山岩发育特征,漠河盆地可划分为5个一级构造单元,即:洛古河坳陷、额木尔河逆冲推覆带、阿木尔坳陷、二十二站隆起和腰站坳陷(图1-6)。

洛古河坳陷:位于盆地西部,向西延入蒙古国,形态近似圆形,是最小的构造单元,基底埋深可达 4～5km。

额木尔河逆冲推覆带:位于盆地西北部,是最大的构造单元。近100km长,80km宽。盖层为侏罗纪煤系地层,从东南向西北依次出露绣峰组、二十二站组、额木尔河组,基底最大埋藏深度约6km(图1-6B)。逆冲推覆带呈北东东-南西西向展布,由北西向南东推覆,地层缩短量超过64km,逆冲推覆活动主要发生在晚侏罗世晚期—早白垩世晚期[(149.3±14.0)～(118.7±11.0)Ma](张顺等,2003;李锦铁等,2004;刘晓佳等,2014)。逆冲推覆构造由一系列区域性韧性剪切带、逆冲断层和楔形构造岩片组成。带内发育9条主要的逆掩断层,断层滑脱面均沿着泥岩层或煤层发育(图1-7),倾角一般小于30°(图1-7C)。根据岩石变质、变形特征,可以划分出根带、中带和前锋带(图1-7B)。根带变质变形最强,以发育韧性剪切带、鞘

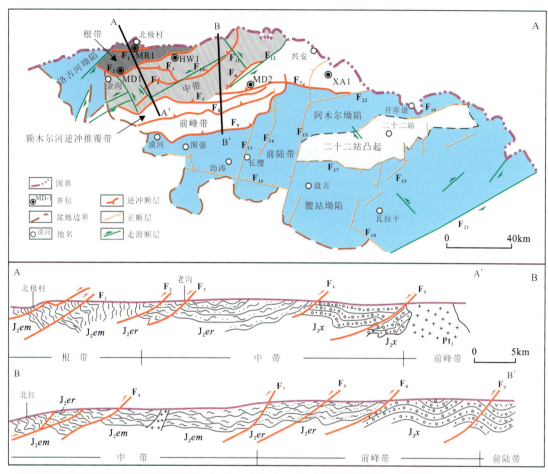

图 1-6　漠河盆地构造单元划分(A)和额木尔河推覆带剖面(B)图(据张顺等,2003 修改)

褶皱和长英质糜棱岩为特征;中带以韧-脆性逆冲断裂为主;前锋带的变质和变形程度显著减弱,以宽缓的 B 型褶皱和脆性低角度叠瓦状逆冲断裂为特征(刘晓佳等,2014)。

阿木尔坳陷:位于盆地中部,北东走向,主要出露白垩纪火山岩地层,基于盖层分布和基底形态,可进一步划分为图强凹陷和长缨凹陷两个二级构造单元,基底埋深分别在 3km 和 8km 左右,是晚侏罗世盆地遭受挤压西部形成逆冲推覆构造之后,在伸展拉张环境下形成的火山盆地(张顺等,2003)。

二十二站隆起:北东东向展布于阿木尔坳陷和腰站坳陷之间,基底埋深 1~2km,区内以出露绣峰组为主,在二十二站以北有小面积的二十二站组和额木尔河组出露。

腰站坳陷:位于盆地东部,基底埋深 3~4km,走向北东。可以进一步划分为蒙克山凹陷和依西肯单斜两个二级构造单元。依西肯单斜,主要分布绣峰组、二十二站组和额木尔河组陆相沉积,蒙克山凹陷则以白垩纪火山岩为主。

三、断裂构造特征

漠河盆地内断裂复杂,逆冲断层、张性正断层及走滑断层均有分布,走向上包括东西向、南北向、北东向、北东东向及北西向5组。宏观上以长缨—依林—龙河为界分东、西两部,西部由一系列北东—北东东向相互平行的逆冲推覆构造所组成(图1-7),并被北东向、南北向断裂错断;东部则以正断层为主(图1-8)。

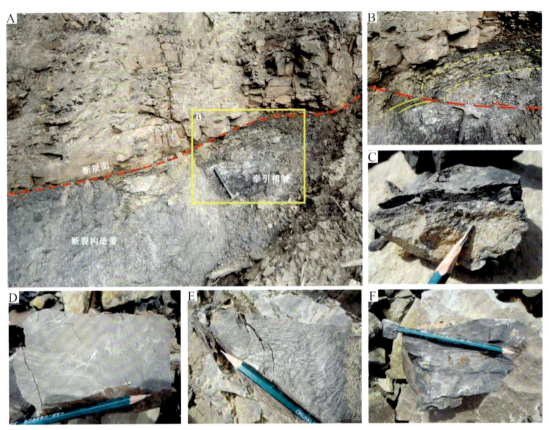

图1-7 漠河盆地河湾林场剖面逆冲推覆构造带
A.逆冲断层及伴生褶皱,断面位于砂岩和泥岩之间;B.图A中的伴生褶皱;C.断层角砾;D—F.粉砂质泥岩中的小型断层和揉皱

图1-8 漠河盆地二十二站北山剖面阶梯式正断层(A)和逆断层(B)特征

北东向、南北向和东西向发育大型深切基底的张性和左旋走滑断裂,数量少、规模大、活动性强,控制着盆地边界-构造格局和火山岩分布。北西向断裂发育较少、延伸规模有限,只在盆地东部和中部零星分布。北东东向断裂主要是逆冲断层,分布在盆地西部北极村、金沟、北红、乌苏里、二十五站、二十七站、门都里、漠河一带,是额木尔河推覆构造带的主体;带内各相邻逆冲断层相互合并、分叉,最长逆断层可长达100km(F_9),构造变形错综复杂(图1-6)。

四、火成岩分布特征

火山岩主要分布在盆地的中部和东南部,约占盆地总面积的1/3。根据火山岩的平面分布特征,可以划分出5个主要的火山岩带,火山岩带的分布明显受控于主要大型断裂,大型断裂交汇部位往往是火山活动中心,火山作用最强烈,远离交汇点的方向火山活动逐渐减弱(张顺等,2003)。根据火山活动方式、岩石组合及火山喷发期次划分出3个旋回(邵济安等,1999):塔木兰沟旋回,主要为玄武岩、安山玄武岩类,以裂隙式溢出为主;上库力旋回,主要为流纹岩、英安岩及火山碎屑,以中心爆发式为主;伊列克得旋回,主要为橄榄玄武岩,以裂隙式溢出为主。3期火山岩均具有双峰式岩石组合,属于钙碱性偏碱性系列。

第四节 油气地质概况

一、油气勘探历程

漠河盆地勘探程度较低,地质工作始于1956年,中国科学院黑龙江流域综合考察队进行了1:100万路线地质调查和1:50万区域地质调查工作,完成《黑龙江流域及其毗邻盆地地质报告》,初步建立了盆地的地层层序。20世纪60至90年代,黑龙江省地质部门围绕找煤、找矿工作,先后在漠河、呼玛、兴隆沟、连鉴等地进行了1:100万、1:50万、1:20万区域地质调查。1979年,黑龙江省区域地层表编写组对本区地层进行了研究。自1980年以来,地矿部黑龙江省地质矿产局在本区进行了1:20万区域地质调查工作,出版了漠河幅(N-51-21)、老沟幅(N-51-27)、二十五站幅(N-51-28)、开库康幅(N-51-22)、依西肯幅(N-51-30)、塔河幅(N-51-35)、十八站幅(N-51-36)等地质图,这些地质资料总结了以往的地质成果,是本区基础地质资料之一。1993年,黑龙江省地质矿产局出版《黑龙江省区域地质志》,系统地总结了全省1:20万区域地质调查成果资料和其他地质工作成果。

石油地质勘探工作始于20世纪80年代,主要完成了以下几方面工作:

1984年,黑龙江省地质矿产局物探队完成本区1:100万区域重力调查工作,提交了本区第一份完整的小比例尺重力资料。

1988年,大庆石油管理局勘探部委托东方地球物理技术服务公司航磁队,在漠河盆地进行1:20万高精度构造航磁普查工作,控制面积达25 930 km^2,完成了《黑龙江省漠河盆地高精度构造航磁普查成果报告》。

1994年,大庆石油管理局勘探开发研究院进行区域地质调查,撰写了《松辽外围新盆地及拉布达林断陷带石油地质综合评价》,指出本区中侏罗统二十二站组和额木尔河组具有生油能力。

1995年,中国石油新区事业部东北裂谷系石油勘探项目经理部委托中国科学院地质研究所,在本区进行地面石油地质调查工作,完成了《漠河盆地地面石油地质调查报告》,预测漠河盆地油气远景资源量达$(2.6\sim3.9)\times10^8$ t。同年,东北裂谷系石油勘探项目经理部委托华达石油天然气技术开发公司,在漠河盆地中部进行高精度重磁剖面测量工作,施测550个重力测量点,相当于1:50万重力概查网精度,共测量3条剖面计191.2km,完成了《漠河盆地及鸡西盆地精密重磁剖面测量成果报告》。

1996年8月,中国石油新区事业部东北裂谷系石油勘探项目经理部委托大庆石油管理局地球物理勘探公司,在漠河盆地进行大地电磁测深概查工作,施测84个MT点,完成了《黑龙江省漠河盆地大地电磁测深勘探成果报告》。同年,东北裂谷系石油勘探项目经理部委托华东有色地质勘查局八一四队,在漠河盆地进行了重磁力概查工作,完成了《东北裂谷系兴安北(漠河、汤元山—伊春)地区重磁力概查成果报告》。

1998年,大庆石油管理局勘探开发研究院对兴安岭盆地群进行了综合分析和评价,在漠河盆地进行标准地质剖面测量和采集部分地层岩石地化数据分析样,提交了《兴安岭盆地群早期评价及目标选择》研究报告,肯定漠河盆地中央坳陷区具有较好油气勘探远景。

1998年,大庆物探公司地震三大队2284地震队完成5条路线地震剖面工作,5条剖面共211.05km。资料处理和报告编写由北京海博石油科技有限责任公司于1999年6月完成,编写有《黑龙江省漠河盆地地震概查成果报告》。

2001年,大庆油田有限责任公司委托华东有色八一四队在盆地西部(盘古河以西)进行1:10万重磁测量。在漠河盆地中央坳陷区的金沟凹陷钻探地质浅井——MD1井,井深1456m。全井取芯,岩芯观察和钻井液观察均未见含油气显示,综合解释94层,均为干层。

2003年,大庆油田有限责任公司委托东方地球物理勘探公司综合物化探事业部316队在漠河盆地东部(盘古河以东)进行1:10万重磁测量。

2004年,大庆石油管理局钻探集团物探公司710队在盆地中部部署完成CEMP 225km。在盘古河坳陷长缨凹陷西北缘完成第二口油气地质探井——MD2井,完钻井深1422m,各项录井均未见任何油气显示。

2010年,黑龙江省九〇四水文地质工程地质勘察院在北极村钻探地热井——MR1井,在1665m处发现天然气显示,并短暂点火,气体C_2^+为2.573%,以甲烷为主。

2012—2014年,中国地质调查局"天然气水合物项目"组织中国科学院、吉林大学、中国地质科学院等多家单位,在漠河盆地北部完成2口深度1500~1700m的天然气水合物取芯钻井,MK1井和MK2井。虽未能发现天然气水合物,但对解吸气分析,认为850m以浅可能存在生物气,深部则以混合气为主(Zhao et al.,2012;苗忠英等,2014;赵省民等,2015)。

2013—2014年,黑龙江省九〇四水文地质工程地质勘察院在兴安额木尔河两岸完成了深度50~60m的10口工程地质浅井,全井取芯,并完成了相关的地质工程报告。

2014年,在中国地质调查局的部署下,中国地质大学(武汉)协同黑龙江省九〇四水文地质工程地质勘察院于2014年7—8月在漠河盆地兴安镇南和河湾林场北东分别完成了XAZK01(兴安钻孔01)和HWZK01(河湾钻孔01)2口取芯浅钻(共进尺602m),编写了《漠河北部钻探报告》;过 HWZK01 井南北方向各 5km 完成 10km 的 AMT 音频大地电磁测深剖面,编写了《漠河北部 AMT 物探报告》。

2012—2016 年,在中国地质调查局的部署下,中国地质大学(武汉)通过大量的调查研究和分析测试工作,对漠河盆地常规油气资源和页岩油气资源远景进行了较为全面的分析与评价,编写了《黑龙江省漠河盆地演化机制与天然气资源前景研究》报告。项目成果为本专著的完成提供了重要的支撑。

二、油气地质概况

前人从盆地构造特征和沉积演化,以及石油地质基本特征方面开展了一定的油气资源远景评价工作。漠河盆地的烃源岩层包括以下 4 套:绣峰组、二十二站组、额木尔河组和开库康组。二十二站组和额木尔河组沉积岩颗粒较细,主要为辫状河和湖相沉积,湖相泥岩富含有机质,可作为良好的烃源岩,且沉积厚度很大,最厚可达几千米,具有较高的生烃能力。二十二站组、额木尔河组、开库康组中均分布有较厚的砂岩、砂砾岩,是研究区潜在的油气储层。断裂构造及火山活动,为油气运移和再分配提供了有利的条件。侏罗系以及上覆白垩系泥岩,为油气保存提供了封盖作用。漠河盆地存在完善的生、储、盖组合条件,具有一定的油气勘探潜力。

中国科学院地质研究所于 1995 年在本区进行了地面石油地质调查工作,预测漠河盆地油气远景资源量达 $(2.6\sim3.9)\times10^8$ t。据大庆石油管理局采用氯仿沥青"A"法和热解法对漠河盆地远景区资源量的粗略计算为:①氯仿沥青"A"法,$(0.621\sim0.932)\times10^8$ t;②热解法,$(1.482\sim2.24)\times10^8$ t。吴河勇等(2004)用"体积密度法"计算,全盆地的石油远景资源量可达 3.8105×10^8 t;用氯仿沥青"A"法计算,全盆地的石油远景资源量为 $(2.311\sim3.468)\times10^8$ t。

1. 烃源岩特征

二十二站组和额木尔河组分布广、厚度大,是漠河盆地最重要的生储层系。形成于湖泊相和前三角洲亚相的暗色泥页岩较为发育,泥地比在 25% 以上,累计厚度在 200m 以上(吴河勇等,2003a)。二十二站组暗色泥岩残余有机碳含量(TOC)分布在 0.06%~9.46% 之间,平均为 1.5%;额木尔河组暗色泥岩 TOC 为 0.22%~17.73%,平均为 1.94%(赵省民等,2015)。额木尔河组泥页岩生烃潜量为 0.02~9.76mg/g,平均为 0.35mg/g;氯仿沥青"A"为 0.0039%~0.0441%,平均为 0.014%;总烃含量为 43~161.64μg/g,平均为 46.10μg/g(邓磊等,2015a)。二十二站组泥页岩生烃潜量分布在 0.01~1.46mg/g 之间,平均为 0.11mg/g;氯仿沥青"A"为 0.002%~0.30%,平均为 0.025%(高红梅等,2010)。漠河盆地烃源岩整体上具有有机质丰度高、生烃潜力低的特点。

烃源岩的有机质类型以 II 型和 III 型为主(邓磊等,2015;赵省民等,2011,2015)。生物标志化合物研究也表明,额木尔河组烃源岩形成于强还原湖泊环境,水体具有一定盐度,有机质母质为陆生高等植物和低等水生生物混合来源(苗忠英等,2013)。

烃源岩的成熟度变化范围较宽,分布在 0.8%~3.54% 之间(平均为 2.02%),整体处于高—过成熟阶段(赵省民等,2015)。东部地区镜质体反射率 R_o 为 0.99%~1.54%(平均为

1.27%),热演化程度较低,处于成熟阶段(邓磊等,2015a)。向中西部地区,泥页岩成熟度逐渐增高,越靠近额木尔河逆冲推覆带根部,动力变质作用越强,热演化程度越高(苗忠英等,2014;赵省民等,2015)。

2. 碎屑岩储集层

漠河盆地在中侏罗统绣峰组、二十二站组、额木尔河组和开库康组沉积时期发育了较厚的陆源碎屑沉积。开库康组砂地比为98.1%,额木尔河组为67.5%,二十二站组为75.4%,绣峰组为79.6%。二十二站组和额木尔河组的辫状河三角洲平原亚相和前缘亚相,是潜在的有利储层相带(吴河勇等,2003a;侯伟等,2010c)。岩石类型主要为岩屑砂岩和长石岩屑砂岩,岩屑长石砂岩次之。砂岩的结构成熟度与成分成熟度均较低,反映了近物源快速堆积特点。储层孔隙类型以长石溶蚀孔隙和碳酸盐溶蚀孔隙为主,还发育少量的粒间残留孔和分布局限的构造微裂缝。储层物性较差,孔隙度介于0.02%~7.28%之间,平均为1.37%;渗透率介于$(0.008\sim0.256)\times10^{-3}\mu m^2$之间,平均为$0.034\times10^{-3}\mu m^2$,属于典型的特低孔、超低孔-超低渗储层。前人的研究表明,压实作用与构造作用对区内孔隙破坏较大,而溶蚀作用在一定程度上改善了储层物性(邓磊等,2015b)。层位上,额木尔河组碎屑岩储层的储集性能最好,二十二站组最差,绣峰组介于二者之间。区域上,砂岩储层物性具有由西至东孔隙度、渗透率依次增大的趋势,推测盆地中西部可能主要受额木尔河逆冲推覆带构造挤压作用影响,动力变质作用加重了砂岩储层的致密化。

3. 生储盖组合

虽然盆地内广泛发育的火山岩、火山碎屑岩直接覆盖在东南侧的部分侏罗系烃源岩和储集层之上,可在一定程度上起到盖层的作用,但是从岩性来讲,其封盖能力相当有限。广布在盆地中北部的二十二站组和额木尔河组因构造抬升,遭受剥蚀出露地表,就使得二十二站组和额木尔河组中上部岩层中发育的泥岩成为了主要的封盖层。因此,对于漠河盆地侏罗系地层来讲,潜在的生储盖组合类型包括:自生自储型(二十二站组、额木尔河组)、下生上储型(二十二站组为烃源岩,额木尔河组为储集层和盖层)、上生下储型(二十二站组为烃源岩和盖层,绣峰组为储集层),并且以自生自储型为主。

第二章　页岩沉积特征及分布规律

我国地质背景复杂、构造演化阶段多,在多旋回构造与沉积过程中,含油气盆地发育了海相、陆相和海陆过渡相等多套富有机质泥页岩。海相泥页岩:分布广泛,单层厚度大,有机碳含量高,热演化程度高,脆性矿物丰富。海陆过渡相煤系页岩:总厚度大,单层厚度小,有机碳含量高,处在成气高峰期,脆性矿物含量中等。相比之下,陆相湖泊环境形成的泥页岩,通常具有沉积厚度大、分布局限、相变快、埋藏适中等特点,有机碳含量较高,具有较大的生烃潜力,但脆性矿物含量普遍较低(吴松涛等,2015;邹才能等,2015;Xie et al.,2016;赵文智等,2016)。受古构造、古气候等因素影响,陆相湖盆环境差异较大,可形成如江汉盆地盐湖型(干旱)、苏北盆地(淡水-微咸水,干燥-潮湿渐变型)、济阳坳陷(干旱和温湿交互或海泛影响型)、鄂尔多斯盆地(淡水-微咸水,温暖-湿润型)等多种湖盆类型。沉积环境的差异必然会形成不同的岩性和岩相,从而导致各类型盆地油气富集条件和资源潜力方面存在较大差异。北美和中国南方海相页岩气的勘探突破已证明,页岩岩相是决定页岩油气成藏的重要物质基础,是我国南方海相页岩气"二元控藏"理论的重要组成部分(郭旭升等,2017;何治亮等,2016)。因此,总结页岩岩性组合、沉积特征及其分布规律是页岩气选区评价的重要基础。

第一节　典型露头和钻井特征

一、河湾林场额木尔河组剖面

该剖面位于漠河县河湾林场北东十金公路2~20km之间,由4个典型露头点(No.HW01、No.HW02、No.HW03和No.HW04)组成,较好地展现了盆地北部额木尔河组的岩性组合和沉积特征。

No.HW01:该露头岩性组合为泥岩—细砂岩—中砂岩—粗砂岩,由北西向南东发育3个沉积旋回,垂直厚度20.88m,整体为辫状河三角洲前缘,主要由水下分流河道和三角洲前缘泥构成(图2-1、图2-2)。

水下分流河道,由含砾粗砂岩、粗砂岩和细砂岩组成,河道之上一般发育2m厚的泥岩段,为三角洲前缘泥,剖面底部粉砂岩发育水平层理和小型交错层理。粉砂岩之上的泥岩段局部夹薄层粉砂岩,发育透镜状或互层层理。剖面顶部为薄层粉砂岩,推测为河口坝。

No.HW02:该露头岩性组合为泥岩和粉砂质泥岩,中部发育厚4m左右的泥质粉砂岩,顶部发育厚12m的中—细砂岩,总体上为滨浅湖和辫状河三角洲前缘(图2-3、图2-4)。

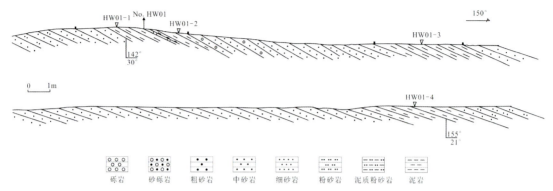

图 2-1 河湾林场十金公路 No.HW01 额木尔河组草测剖面

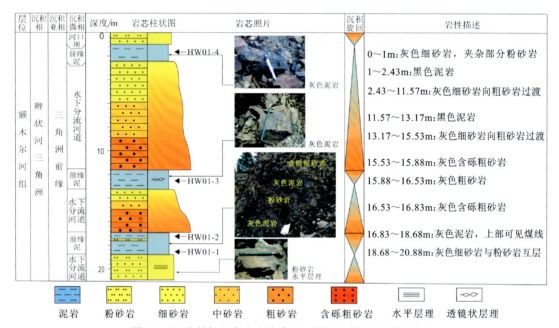

图 2-2 河湾林场北东十金公路 No.HW01 额木尔河组剖面

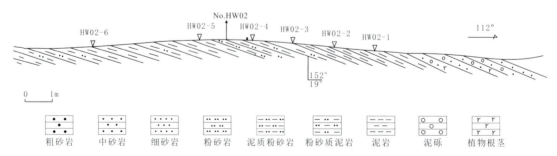

图 2-3 河湾林场北东十金公路 No.HW02 额木尔河组草测剖面

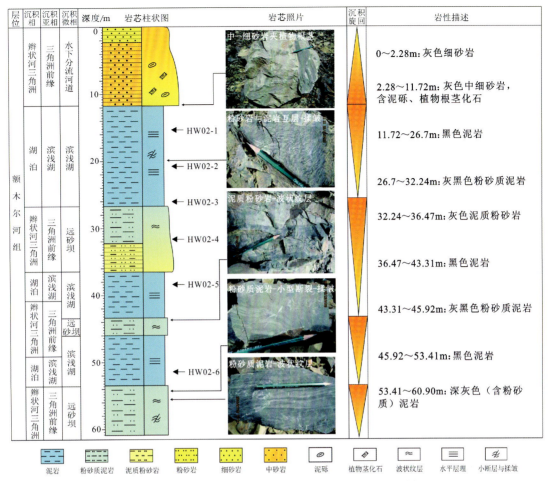

图 2-4 河湾林场北东十金公路 No.HW02 额木尔河组剖面

三角洲前缘在这里主要包括水下分流河道和河口坝。位于剖面上部的水下分流河道砂体，其底部中砂岩含有大量泥砾和植物碎屑化石，为河道底部的滞留沉积；河口坝，由泥质粉砂岩和粉砂质泥岩组成，发育波状层理、变形层理以及微断裂和伴生揉皱。

滨浅湖，多为黑色泥岩夹粉砂质条带，发育水平层理、微断裂和伴生揉皱。

No.HW03：该露头主要由下部较厚的暗色泥岩和上部的含砾粗砂岩组成，为辫状河三角洲前缘（图2-5、图2-6）。剖面上部，含砾粗砂岩—中砂岩—细砂岩组合为典型的正粒序，底部含大量砾石，为河道滞留沉积。砂岩底部与下伏泥岩呈明显角度不整合，为河道冲刷作用形成，属于三角洲前缘的水下分流河道。剖面下部，由深灰色粉砂质泥岩、黑色泥岩、黑色富植物碳屑泥岩组成，泥岩底部含有大量植物碎屑化石，为前缘泥。剖面底部，由黑色断层泥和断层角砾岩组成，结构松散，多含方解石脉体，厚度 0.8m 以上，并发育逆冲断层及伴生褶皱。

No.HW04：该剖面主要由下部暗色泥岩和上部含砾粗砂岩组成，整体上为辫状河三角洲前缘（图2-7、图2-8）。

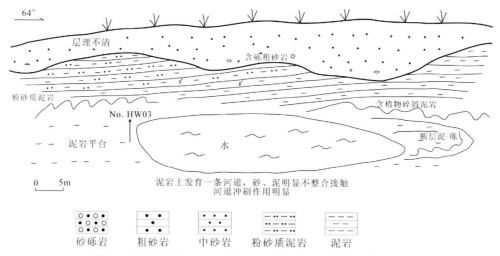

图 2-5 河湾林场北东十金公路 No.HW03 额木尔河组草测剖面

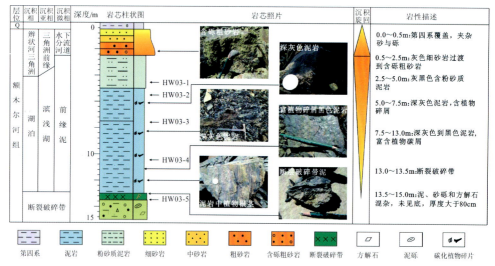

图 2-6 河湾林场北东十金公路 No.HW03 额木尔河组剖面

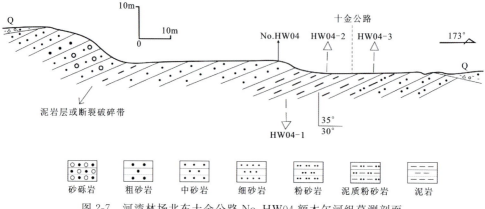

图 2-7 河湾林场北东十金公路 No.HW04 额木尔河组草测剖面

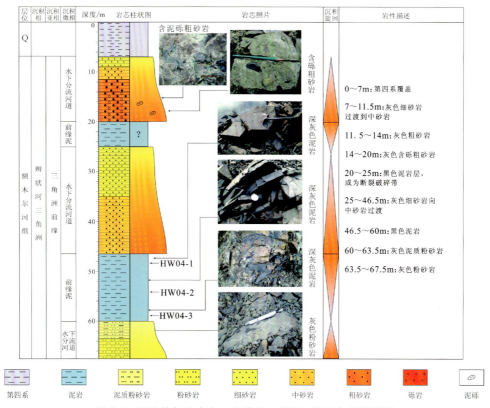

图 2-8　河湾林场北东十金公路 No.HW04 额木尔河组剖面

剖面中上部,发育由含砾粗砂岩—中砂岩—细砂岩、中砂岩—细砂岩构成的两个正粒序旋回,砂岩底部含大量砾石和泥砾,可能为河道滞留沉积,推测为三角洲前缘的水下分流河道。剖面下部,为深灰色泥岩,未见植物碎屑化石,推测为前缘泥(或滨浅湖);中部也可能存在厚 5m 左右的泥岩段,但覆盖严重,仅从碎石上推断而来。剖面底部,发育厚 8m 的泥质粉砂岩和粉砂岩,可能为另一水下分流河道砂体的顶部。

二、丘古拉桥额木尔河剖面

该剖面位于图强县东的大丘古拉河北部,剖面出露较好,垂直厚度约 250m。岩性主要为粉砂岩和粉砂质泥岩、泥岩频繁互层沉积。从其岩性组合和所在盆地位置推断,可能为辫状河三角洲前缘和前三角洲。辫状河三角洲前缘主要为厚层的近端河口坝粉砂岩与薄层的泥岩互层沉积,发育小型交错层理。前三角洲则以相对较厚的泥岩沉积为主,粉砂岩层相对较薄,局部粉砂岩中可见水平层理(图 2-9)。相比南侧的大丘古拉河和小丘古拉河剖面,本剖面的岩性明显变细,所处沉积水体较深。

三、门都里东二十二站组剖面

该剖面位于漠河县城北,漠北公路第三标段路西,由辫状河三角洲、湖泊和重力流沉积体系构成,岩性组合变化较大(图 2-10)。其中,剖面中下部和上部主要发育辫状河三角洲前缘,可进一步细分为水下分流河道、前缘泥、河口坝。水下分流河道主要由含砾粗砂岩—中细砂岩—粉砂岩组成,河口坝为粉砂岩和泥质粉砂岩,与前缘泥的薄层泥岩互层沉积。相比之下,中下部河道厚度较上部更大。

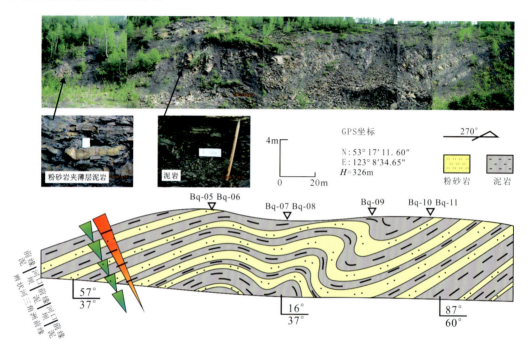

图 2-9　丘古拉河桥额木尔河组露头写实

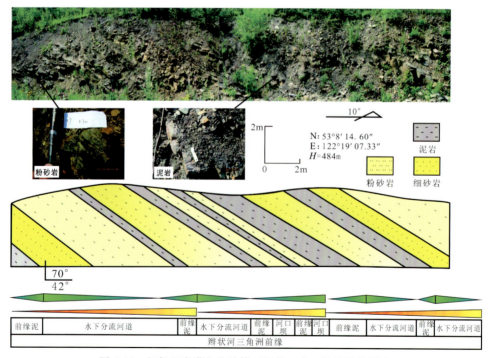

图 2-10　门都里东漠北公路第三标段二十二站组露头写实

四、二十二站北山二十二站组剖面

剖面位于二十二站北山公路东侧,总长约 3km,由于植被覆盖和河流穿过,实际出露岩层的累计厚度约 500m。主要由辫状河三角洲和湖泊沉积体系构成,三角洲前缘主要由河口坝组成,岩性为粉砂岩、细砂岩,与前缘泥互层(图 2-11)。由砂岩的粒度和泥岩层的比例可进一步分为近岸河口坝、远端河口坝两种,在局部砂岩层表面可见波痕等沉积构造。

在剖面的中部和北部发育了较厚的泥岩沉积,最大单层厚度可达 40~50m,泥岩颜色较深,主要为黑色和深灰色,泥岩中可以发现少量生物化石,推测为滨浅湖相沉积。

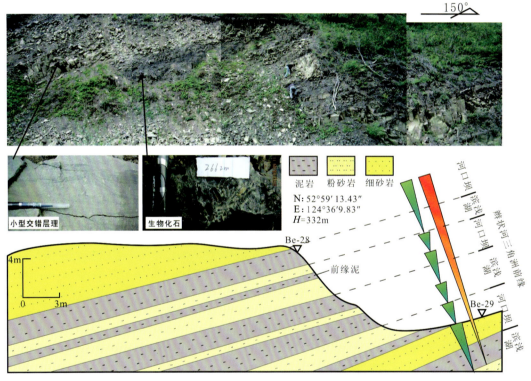

图 2-11 二十二站北山二十二站组露头写实

五、EMK01 井

EMK01 井位于兴安镇南额木尔河沿岸,钻井深度 50m,取芯层位是额木尔河组。由粉砂岩与泥岩互层沉积为主,中部还存在黑色断层泥和断层角砾形成的冻土层,从岩性组合和沉积旋回上看,其整体上属于辫状河三角洲前缘沉积环境,泥岩发育处为滨浅湖沉积(图 2-12)。

辫状河三角洲前缘可区分出水下分流河道和河口坝。水下分流河道沉积,发育在下部 30.4~50m,岩性由下向上为中砂岩—细砂岩—粉砂岩—泥质粉砂岩,是典型的正粒序,由于岩芯破碎,未发现沉积构造,裂缝发育,且充填方解石脉。河口坝主要由粉砂岩—泥质粉砂岩—粉砂质泥岩组成,构成典型的反粒序岩性旋回,可见植物碎屑化石。

滨浅湖,主要为泥质沉积物,发育在 12.70~22.70m 处,与多年冻土层互层,可能受断裂

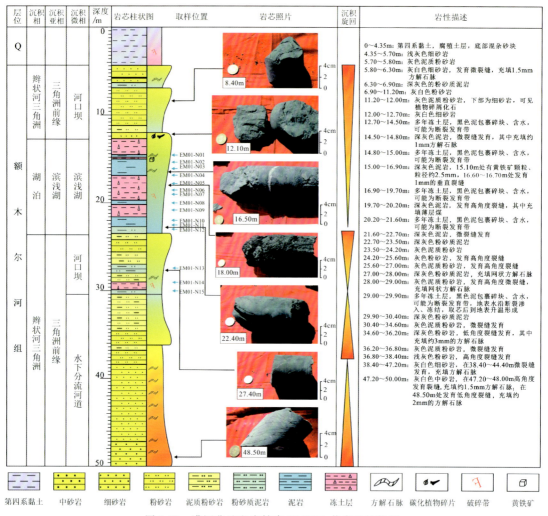

图 2-12 漠河盆地兴安镇南 EMK01 井岩芯柱状图

带和地下水影响所致。

六、EMK11 井

EMK11 井位于兴安镇南额木尔河沿岸,钻井深度 42.0m,取芯层位是额木尔河组。以泥质粉砂岩与泥岩、粉砂岩互层沉积为主,顶部还存在由黑色断层泥和断层角砾构成的冻土层。从岩性组合和沉积旋回上看,其整体上属于辫状河三角洲前缘和滨浅湖,辫状河三角洲前缘可进一步区分出水下分流河道和河口坝(图 2-13)。

水下分流河道仅发育在下部 40~42m 处,为细砂岩—泥质粉砂岩—泥岩组成的正粒序,推测为河道顶部沉积(或为河口坝顶部)。河口坝主要由粉砂质泥岩—泥质粉砂岩—粉砂岩组成,构成 5 个倒粒序岩性旋回,夹少量植物碎屑化石,多为远砂坝沉积。

滨浅湖主要为夹植物碎屑化石的泥质沉积,发育在 20.0~35.5m 处。

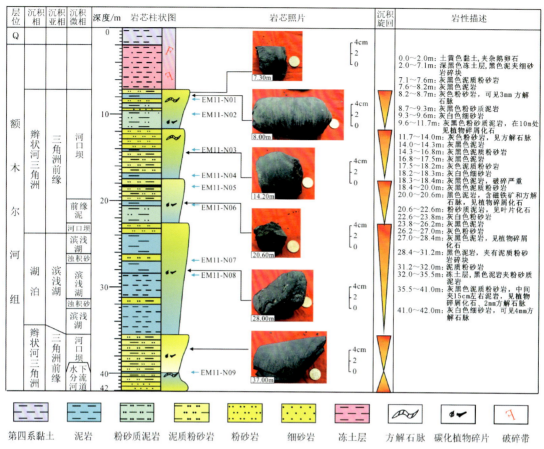

图 2-13　漠河盆地兴安镇南 EMK11 井岩芯柱状图

七、EMK12 井

EMK12 井位于兴安镇南额木尔河沿岸，钻井深度 42.0m，取芯层位是额木尔河组。0~27.6m 处，主要是由黑色泥、粉砂质泥岩碎块、细砂岩碎块构成的冻土层，推测可能为辫状河三角洲前缘的砂泥互层沉积(图 2-14)。27.6~42.0m，整体上属于辫状河三角洲前缘沉积环境。其中，27.6~34.0m，主要为粉砂质泥岩，34m 处夹植物化石，是河道发育晚期水动力变弱形成的富含植物碎屑泥质沉积物，为前缘泥。34.0~42.0m，是由粉砂质泥岩—粉砂岩—细砂岩组成的倒粒序旋回，为河口坝。

八、HWZK01 井

HWZK01 井位于漠河县河湾林场北东沿十金公路约 15km 处，构造位置处于额木尔河推覆带的中带，完钻井深为 300.25m。整体上属于辫状河三角洲前缘沉积环境，主要由砾岩—含砾粗砂岩—粗砂岩—中砂岩—细砂岩—粉砂岩—泥页岩的岩性组合组成。

辫状河三角洲前缘，可进一步划分为水下分流河道、前缘泥。

水下分流河道沉积，以砂砾岩为主，岩性由下向上从厚层—较厚层的砾岩—含砾粗砂岩、

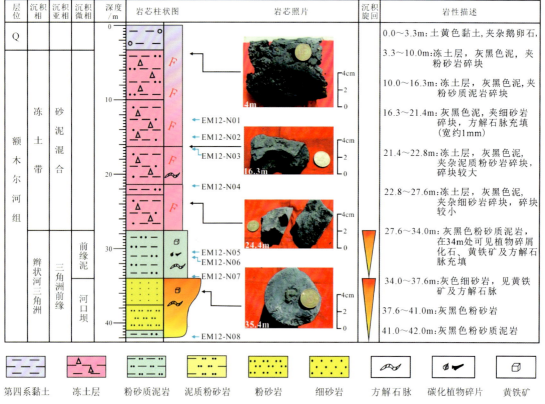

图 2-14 漠河盆地兴安镇南 EMK12 井岩芯柱状图

粗砂岩、中—细砂岩向薄层粉砂岩和泥岩过渡,是典型的正粒序岩性组合,河道下部粗碎屑往往以发育斜层理、平行层理和交错层理为特点,底部夹大块泥砾,不同沉积旋回的顶底界面之间具有明显的冲刷构造,局部可见河道底部滞留沉积物。河道发育后期,水动力逐渐减弱,岩性粒度逐渐变细的同时,沉积构造表现为以发育小型交错层理、斜层理为主。如图 2-15~图 2-17 所示,一个长期正旋回往往由多个短期正粒序旋回组成,从而形成了多期叠加的水下分流河道沉积体。

泥页岩主要发育于前缘泥和滨浅湖中,岩性上以粉砂质泥岩、暗色泥岩为主,水深较大部位以发育富含植物碎屑的碳质泥岩为主,发育水平层理,局部页岩受构造挤压破碎,裂缝充填方解石脉。泥页岩单层厚度 2~11m,总厚度 38.1m,泥地比为 12.7%。另外,在 HWZK01 井深度为 20m 和 43~85m 之间发育了可能以火山碎屑岩为母岩、再沉积形成的凝灰质沉积岩,其成因目前尚不清楚,需要进一步开展研究工作(图 2-15~图 2-17)。

九、XAZK01 井

XAZK01 井地理位置位于黑龙江省漠河县兴安镇南、加漠公路约 20km 处,构造位置处在额木尔河推覆带的前锋带,完钻井深为 301.75m。整体上由多个从泥岩—粉砂质泥岩,向粉砂岩—细砂岩,再到中—粗砂岩和砾岩的反粒序沉积旋回构成。从岩性组合和沉积旋回上看,整体上属于辫状河三角洲前缘,泥页岩主要为滨浅湖沉积(图 2-18~图 2-20)。

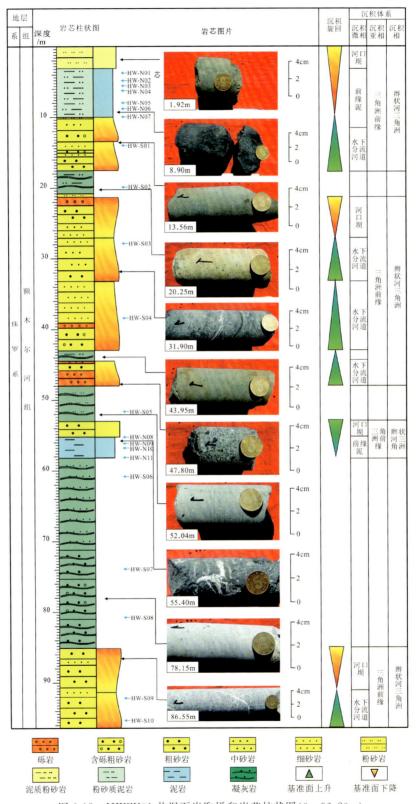

图 2-15 HWZK01 井泥页岩取样和岩芯柱状图(0～96.20m)

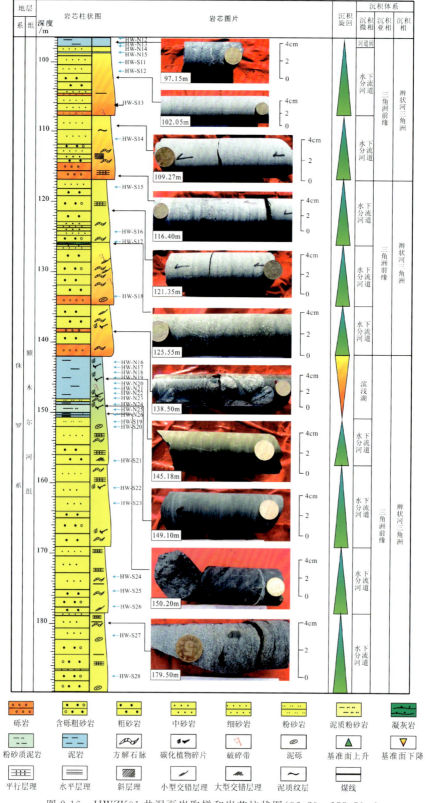

图 2-16　HWZK01 井泥页岩取样和岩芯柱状图（96.20～188.80m）

第二章 页岩沉积特征及分布规津

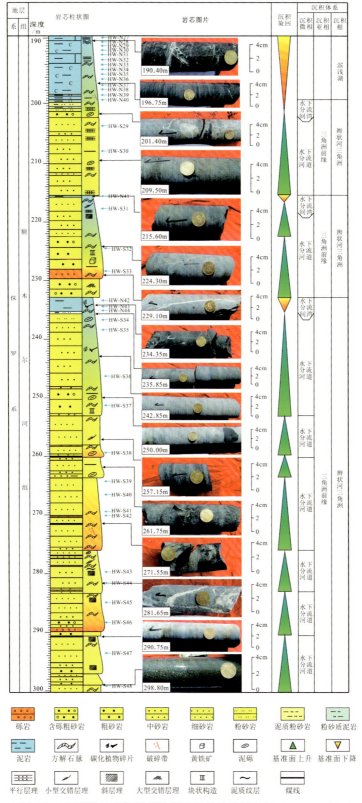

图 2-17 HWZK01 井泥页岩取样和岩芯柱状图(188.80~300.25m)

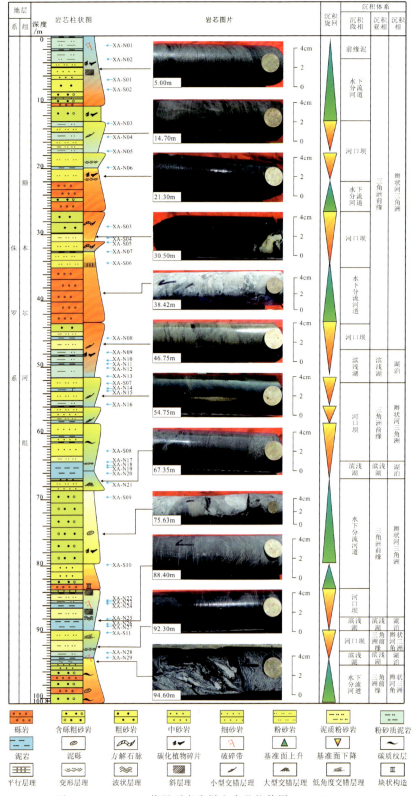

图 2-18 XAZK01 井泥页岩取样和岩芯柱状图(0~100.80m)

第二章 页岩沉积特征及分布规律

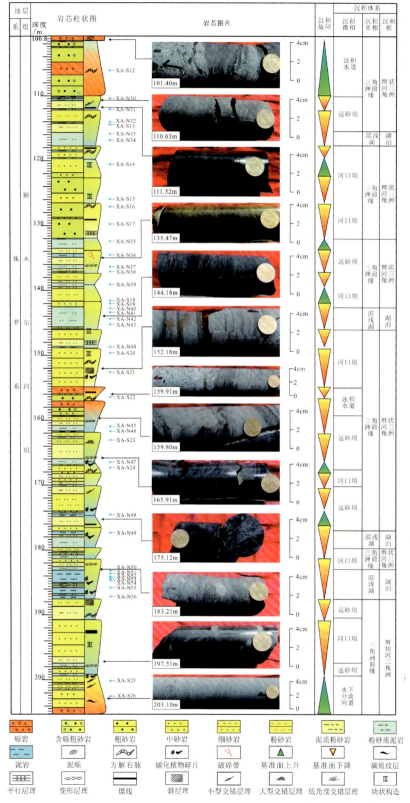

图 2-19 XAZK01 井泥页岩取样和岩芯柱状图(100.80～205.20m)

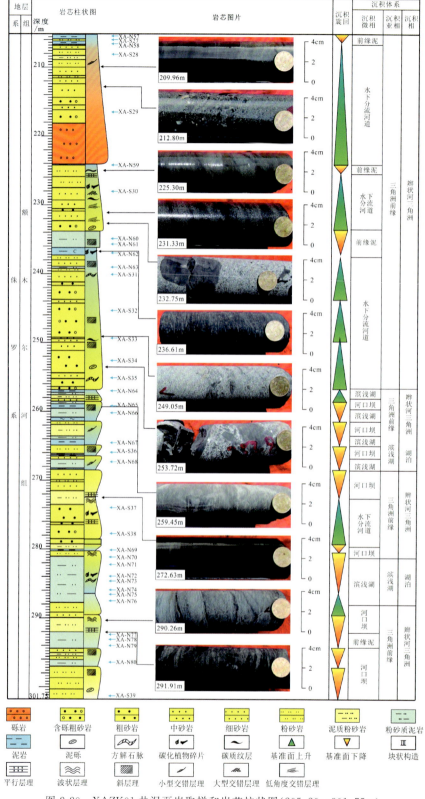

图 2-20　XAZK01 井泥页岩取样和岩芯柱状图（205.20～301.75m）

辫状河三角洲前缘可区分出水下分流河道、前缘泥、河口坝。水下分流河道沉积,岩性由下向上从砾岩—含砾粗砂岩、粗砂岩、中—细砂岩,向粉砂岩、泥岩过渡,下部发育斜层理、平行层理和大型交错层理,底部可见冲刷面,包裹大块泥砾和植物碎屑。水下分流河道具有重力流特点,又可称为浊积水道或重力流水道,含砾粗砂岩—砾岩与细砂岩、泥岩、粉砂岩等细碎屑沉积呈突变接触,具有典型的重力流色彩。前缘泥沉积,主要以薄层的泥质粉砂岩、粉砂岩泥岩和泥岩等细粒沉积物为主,含有大量的植物碎屑。

河口坝沉积,主要由中—粗砂岩、细砂岩—粉砂岩构成,砂岩成层性好,发育小型交错层理、包卷层理和变形层理等,可见碳化植物根茎,靠近河口坝附近以砂岩夹薄层暗色泥岩为特征。靠近较深湖部位,为暗色泥岩夹薄层砂岩,具波状层理、小型交错层理和变形层理。

滨浅湖主要为泥质沉积物,但该井滨浅湖相泥岩并不十分发育,主体上以粉砂质泥岩为主,单层厚度在 2~7m 之间,多与河口坝薄层砂岩形成互层沉积,其中可夹有重力流成因的粗碎屑沉积,发育浊积砂岩。该井泥页岩的累计厚度为 63.45m,泥地比为 21.03%。

第二节 页岩分布特征

一、页岩剖面分布特征

基于前人的研究成果,通过大量的野外露头考察、工程地质浅井钻探,特别是两口 300m 取芯钻井的详细解剖,综合分析可知:漠河盆地中侏罗统泥页岩主要发育在辫状河三角洲和滨浅湖沉积体系中(图 2-21)。受湖盆形态和南部物源丰富的影响,源自盆地南部的辫状河三角洲砂体向北部沉积中心位置延伸距离较远,在我国境内基本沿黑龙江一线附近分布,再向北进入俄罗斯境内的上阿穆尔盆地。

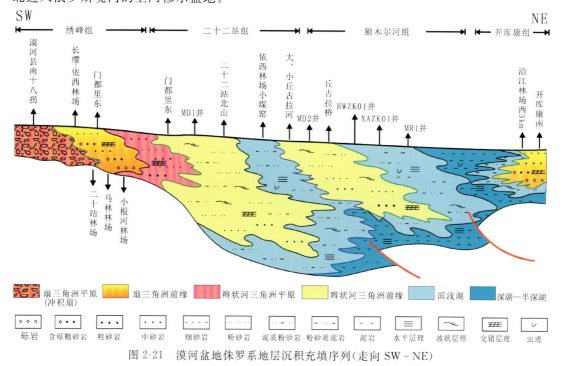

图 2-21 漠河盆地侏罗系地层沉积充填序列(走向 SW-NE)

从 AMT 大地电磁测深的地质解释来看(图 2-22),其 800m 以浅整体以砂岩为主,与 HWZK01 井揭示的岩性组合相符,钻获泥岩的厚度、泥地比均较低,整体上以辫状河三角洲前缘的水下分流河道砂岩沉积为主,并且向下有岩石粒度整体变细的特点。AMT 剖面显示,1000m 以下区域则可能存在面积更广、厚度更大的泥页岩沉积区,根据湖盆沉积演化规律性,可推测:在额木尔河组沉积的早中期或二十二站组沉积期,漠河盆地北部可能存在更大范围的深水沉积区,该部位可能是漠河盆地泥页岩分布的主要区域。

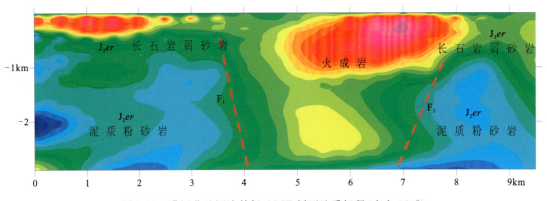

图 2-22 漠河盆地河湾林场 AMT 剖面地质解释(走向 180°)

二、页岩平面分布特征

二十二站组和额木尔河组沉积时期湖泊分布范围相对较大,发育了较大面积的暗色泥岩,泥岩总厚度较大,单层泥岩连续厚度适中,具有形成富有机质泥页岩的潜力。吴河勇等(2004)研究发现,泥岩在漠河盆地的大部分地区都有所出露,二十二站组和额木尔河组两组地层的泥岩厚度为 300~450m,二十二站组单层最大厚度为 114m。大庆油田于 2003 年和 2007 年通过对二十二站组和额木尔河组地层中的暗色泥岩开展野外地质勘查,发现额木尔河组上部的暗色泥岩更为发育,累计厚度达 663m,单层最大厚度 163m(龙河林场处),泥地比为 29.3%;二十二站组主要发育深灰色泥岩,累计厚度 236.8m,单层最大厚度 60m(绣峰地区),泥地比为 24.5%。

本研究通过野外典型露头剖面实测和钻井岩芯观察描述,对不同剖面和钻井的各组地层中泥岩层数、单层厚度、总厚度、平均单层厚度和泥岩所占比例进行了统计(表 2-1)。结果显示:额木尔河组,MR1 井泥岩累计厚度约 300m,MD2 井约 250m,大丘古拉河和兴安剖面较短,以及 HWZK01 和 XAZK01 井相对较浅,泥岩厚度较小,基本在 10~60m 之间。二十二站组,MD1 井的泥岩累计总厚度约 150m,二十二站北山剖面同样可达 150m,门都里东剖面、MR1 井和 MD2 井中泥岩累计厚度相对较小,分布在 60~100m 之间。额木尔河组单层泥岩最大厚度为 31.22m,泥岩所占地层比重最大为 40.52%;二十二站组单层泥岩最大厚度为 27.45m,泥岩所占地层比重最大为 35.66%。整体上,漠河盆地中侏罗统泥页岩具有单层厚度小、层数多、累计厚度大的特点。

表 2-1 漠河盆地钻井与野外剖面泥岩厚度统计

井号/剖面	层位	层数/层	单层厚度/m	总厚度/m	平均厚度/m	百分比/%
漠热1(MR1)井	额木尔河组	42	0.20~31.22	287.45	6.84	36.03
漠D2(MD2)井		256	0.11~8.70	249.24	0.97	40.52
大丘古拉河		14	0.50~10.88	59.05	4.22	16.22
兴安		9	0.25~3.83	12.89	1.43	25.52
HWZK01井		25	0.10~6.90	38.1	1.52	12.69
XAZK01井		80	0.10~6.70	63.45	0.79	21.03
EMK01		8	0.30~1.90	6.70	0.84	13.40
EMK11		10	0.10~2.40	10.8	1.08	25.71
EMK12		7	1.40~6.70	31.7	4.52	75.48
漠热1(MR1)井	二十二站组	71	0.08~11.81	76.68	1.08	9.41
漠D1(MD1)井		46	0.10~12.25	149.23	3.24	14.91
漠D2(MD2)井		58	0.13~6.16	58.93	1.02	35.66
门都里东		18	0.24~12.80	92.95	5.16	25.97
二十二站组北山		60	0.15~27.45	147.52	2.46	12.09

基于上述统计,参考沉积体系分析和物探解释资料,编制了漠河盆地侏罗系泥岩厚度平面分布图(图2-23)。如图所示,漠河盆地泥岩厚度普遍在250m以上,具有由南向北、由东向西逐渐增加的趋势。在北极村附近、兴安镇的东南XAZK01井以北、兴安镇西北盆地北端弧形区域可能存在3个高值区,高值区与南部受抬升剥蚀的凸起"间互对应",推测该区域泥岩的累计厚度可达500m以上。受沉积相和现今构造格局控制,中侏罗统泥页岩广泛分布于盆地的中西部地区。开库康—二十二站—瓦拉干南北一线以东地区,由于构造抬升,地层遭受大面积剥蚀,泥页岩厚度相对较小。亦有文献报道,仅额木尔河组泥页岩厚度就可达到700~1300m(邓磊等,2015)。由于野外露头风化较为严重,地层界线不能十分准确地把握,而且钻井揭露深度有限,本书未做过多的推断。

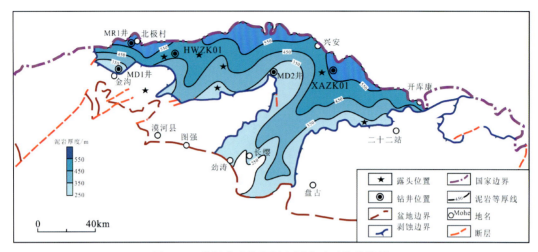

图 2-23 漠河盆地推测泥岩厚度平面等值线图

三、页岩沉积-分布模式

综合漠河盆地构造演化背景和沉积体系特征分析,总结出了侏罗纪页岩的沉积-分布模式(图 2-24)。

早—中侏罗世,在蒙古-鄂霍茨克洋逐渐闭合、西伯利亚板块向古亚洲大陆之上仰冲的作用下,上阿穆尔-漠河区域进入了前陆盆地演化阶段,该时期主要发育海陆交互相和陆相磨拉石沉积(图 2-24)。由于上阿穆尔地区更接近于古大洋,故在上阿穆尔地区发育了海陆交互相沉积,而漠河盆地范围内则主要发育陆相沉积,此时的漠河-上阿穆尔盆地可能是一个主体物源体系运移方向指向蒙古-鄂霍茨克洋的统一盆地(张顺等,2003;吴根耀等,2006;张兴洲等,2015)。伴随着蒙古-鄂霍茨克洋呈喇叭形的由西向东逐渐闭合,自西北向东南方向推覆的褶皱冲断带逐渐向东南方向发展,导致漠河-上阿穆尔盆地的沉积中心也由西南向东北方向迁移(同时期的澳大利亚西北陆架各大含油气盆地也具有类似的演化过程,随着古大洋的闭合,由西向东从 Carnarvon 盆地、Browse 盆地到 Bonaparte 盆地,沉积中心逐渐东移),沉积序列上也形成了一个完整的粗—细—粗旋回。因此,虽然前人根据现今盆地基底厚度将漠河盆地北部划为隆起区,南部为坳陷区,但从沉积古地理分布来看,深水区更可能分布在盆地的北-北东区域,南部-西南部为主要的物源区或者粗碎屑充填区。

因此,虽然露头和目前已有钻井所揭示的中侏罗统暗色泥页岩多形成于滨浅湖和三角洲前缘泥,以砂泥互层的分布形式出现薄层、富含陆源有机质的泥页岩。但是,基于沉积演化和 AMT 剖面解释成果来看,厚层的、偏腐泥型的暗色泥岩可能主要分布在漠河盆地中北部、1000m 以下的深部区域(图 2-25)(何生等,2015)。

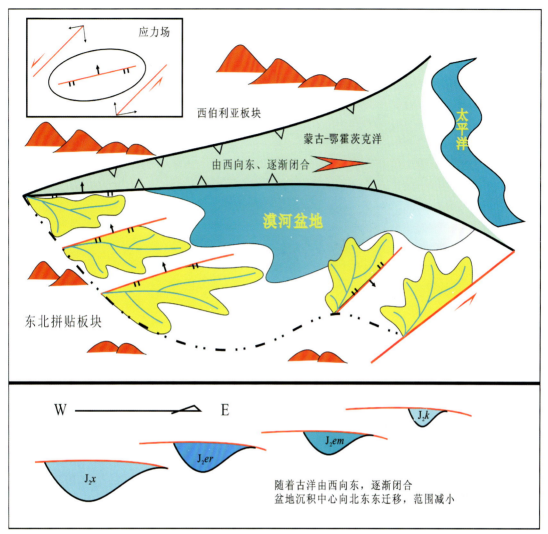

图 2-24 漠河盆地侏罗系沉积模式图

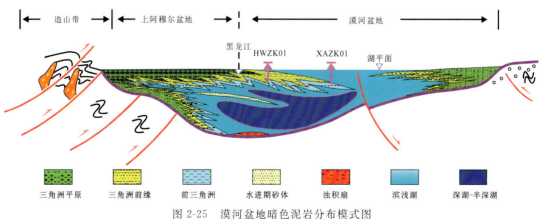

图 2-25 漠河盆地暗色泥岩分布模式图

第三章　页岩矿物组成与脆性分析

　　页岩储层是由黏土到非常细的砂岩构成的复杂细粒沉积物,通常由各类无机矿物、有机质和生物碎屑组成。页岩的矿物组成复杂,除了主要的石英、长石、方解石和白云石等脆性成分,以及黏土矿物(主要是伊利石、蒙脱石、高岭石和绿泥石)外,还含有黄铁矿、菱铁矿和磷灰石等矿物成分(Ross and Bustin,2009;邹才能等,2010)。前人的研究表明,石英、长石、碳酸盐岩、自生黄铁矿等脆性矿物含量高,不仅对页岩孔隙有支撑和保护的作用,而且有助于压裂造缝,服务于页岩气开发(龙鹏宇等,2011;丁文龙等,2011;党伟等,2015)。以南方下古生界上奥陶统五峰组—下志留统龙马溪组的海相页岩为代表,生物来源硅可形成良好的石英刚性框架,对有机质孔隙保护和页岩气高产起到至关重要的作用(赵文智等,2016;何治亮等,2016;Dong et al.,2019)。如果黏土矿物和有机质等柔软和韧性颗粒含量过高,页岩则更容易受到压实,无机孔隙将大幅减少;韧性颗粒变形后进入刚性矿物颗粒之间,亦可进一步减少孔隙。地层水和有机质热演化阶段产生的有机酸会对碳酸盐矿物、长石、菱铁矿等产生溶蚀,形成的溶蚀孔可增大页岩的储气空间(邹才能等,2010;崔景伟等,2012)。由于黏土矿物中的微小孔隙比较发育,因此较高的黏土矿物含量可以在一定程度上有助于页岩气的吸附,提高页岩储层的吸附气含量(卢龙飞等,2011,2012;吉利明等,2012,2014;李颖莉和蔡进功,2014)。不同沉积环境和成岩演化阶段会导致页岩中的黏土矿物类型存在较大差异。因此,对页岩孔隙结构和吸附性的贡献也不尽相同。

　　页岩矿物成分鉴定在中国地质大学(武汉)地质过程与矿产资源国家重点实验室完成。每个样品取 $15\sim20g$,碎样至300目以下(粒度小于$50\mu m$),去粉末样采用背压法制片送入仪器扫射得到全岩矿物含量;接着将粉末样品放入蒸馏水中悬浮、提纯出黏土矿物,烘干,再将提纯出的黏土矿物采用涂片法制片送入仪器扫射得到黏土类矿物含量。依据《沉积岩中黏土矿物和常见非黏土矿物 X 射线衍射分析方法》(SYT 5163—2010)石油与天然气行业标准,采用荷兰 PANalytical 公司生产的 X'Pert PRO DY2198 型 X-射线衍射仪分别对全岩矿物含量和黏土矿物含量进行定量测试。该仪器最大管压 60kV、最大管流 55mA、最大功率 2.2kW(Cu靶)、衍射角精密度和重现性小于 0.002、衍射峰的准确度/线性度小于 0.04、超纯探测器最大计数率大于 130×10^6cps、小角散射单色光小于 0.01、角度重现性为 ±0.0001 度和 θ/θ 扫描方式。

第一节　全岩矿物组成

　　漠河盆地中侏罗统页岩的 X-射线衍射(全定量)测试结果如图 3-1～图 3-4 所示。

MR1井额木尔河组和二十二站组页岩(图3-1):以黏土矿物为主,含量分布在30%～76%之间,平均为50.71%;其次为石英,含量分布在13%～52%之间,平均为33.71%;长石含量为5%～18%,平均为11.14%;仅两个样品含有一定量的方解石(13%和18%)。

MD1井二十二站组页岩(图3-1):黏土矿物分布在25%～70%之间,平均为48.94%;石英含量为15%～72%,平均为37.29%;长石含量为0～27%,平均为11.76%;个别样品含少量方解石(2%～8%)。

MD2井二十二站组页岩(图3-1):石英含量明显高于黏土矿物,主要分布在36%～62%之间,平均可达54%;黏土矿物含量介于32%～56%之间,平均为38.8%;含有少量的长石(0～13%,平均为7.2%)。

HWZK01井额木尔河组页岩(图3-2):黏土矿物含量较高,介于36%～62%之间,平均达46.48%。石英和长石含量次之,石英含量介于28%～56%之间,平均为39.39%;长石含量介于2%～18%之间,平均为10.59%。方解石、白云石和菱铁矿等碳酸盐岩总体含量平均不到4%,其中菱铁矿只在少数几个样品中出现,且含量都不超过5%。

XAZK01井额木尔河组页岩(图3-3、图3-4):黏土矿物含量变化较大,介于33%～66%之间,平均达51.85%,比HWZK-01井要高。石英、长石、方解石和白云石等脆性矿物中,石英含量介于24%～42%之间,平均为33.29%;长石含量较少,介于3%～15%之间,平均为9.3%,石英和长石含量都比HWZK-01井低;方解石和白云石仅在少量样品中出现。

从漠河盆地不同区域的全岩矿物组成的分布特征来看,位于北部相对深水区的MR1井、MD1井、HWZK01井和XAZK01井页岩中的黏土矿物含量普遍高于50%,石英含量相对较低(低于40%)(图3-1～图3-3)。然而,位于南部物源输入方向的MD2井,其二十二站组页岩中的石英含量明显高于上述钻井,黏土矿物含量则相对较低。Hou等(2015)报道了位于MD2井西南部的小丘古拉河剖面、丘古拉桥剖面,以及东北部的兴安剖面的页岩矿物特征,这3个剖面页岩样品中的石英含量也明显高于黏土矿物。可以看出,漠河盆地页岩中石英等主要矿物组成的含量受到了陆源输入的影响。

研究区额木尔河组和二十二站组泥页岩的矿物组成主要为石英、长石、方解石和黏土矿物,含有微量的沸石、闪石和石膏。对比不同地区矿物组成可知,随着物源输入向深水区的方向,由南向北石英的含量逐渐降低,而黏土矿物的含量具有增加的趋势,这与陆源碎屑成因的湖相泥页岩特征相符,相对深水区黏土矿物含量相对较高,长石的含量则有减少的趋势(Hou et al.,2015)。值得注意的是,XAZK01井页岩矿物组成与其他钻井存在一定的差异,绝大部分泥页岩样品含有少量的菱铁矿,含量分布于0～12%之间,平均为3.22%。根据谢庆宾等(2000)和原园等(2015)的研究,沉积岩中的菱铁矿可能为低氧的情况下借生物作用形成,在湖沼环境中常见少量菱铁矿的存在。这一特征矿物的出现,与区域沉积背景和XAZK01井沉积相分析结论相吻合。由此也可以推断,漠河盆地北部是相对深水区,额木尔河组沉积时期的泥页岩主要形成于滨浅湖沉积环境。

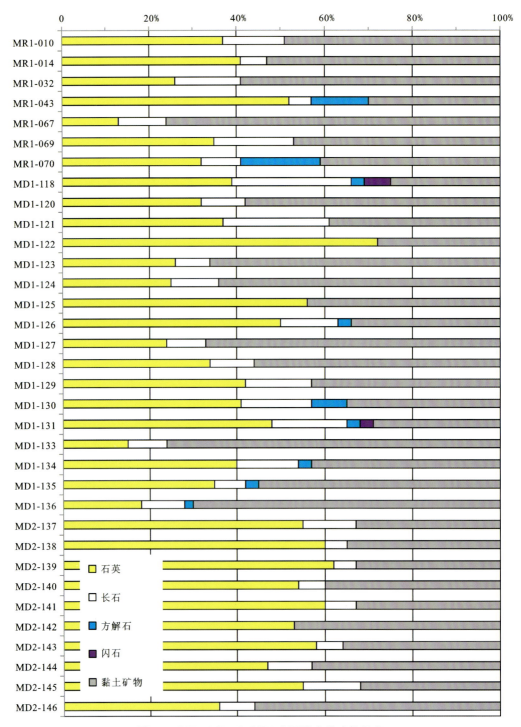

图 3-1　MR1、MD1 和 MD2 井页岩全岩矿物组成

第三章 页岩矿物组成与脆性分析

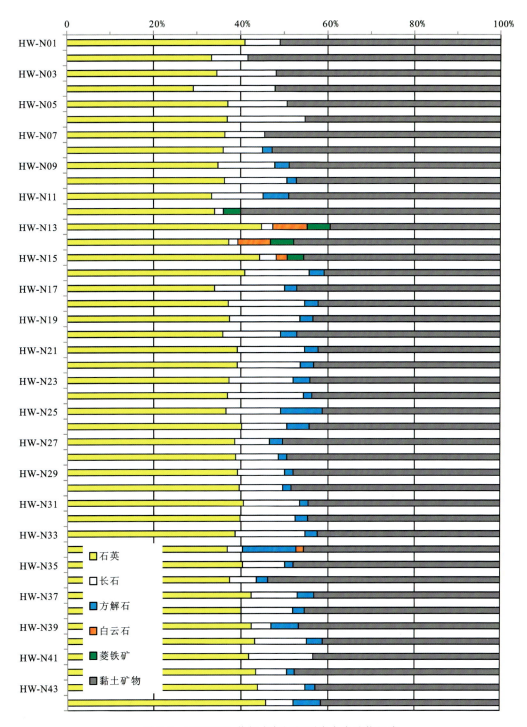

图 3-2 HWZK01 井额木尔河组页岩全岩矿物组成

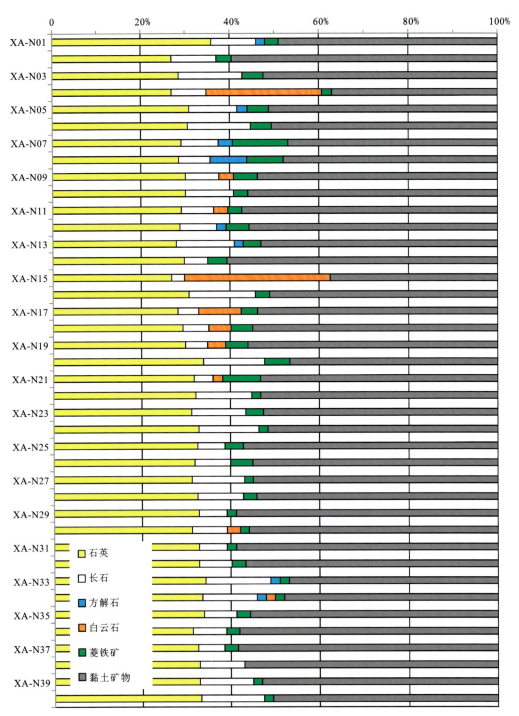

图 3-3 XAZK01 井额木尔河组页岩全岩矿物组成(一)

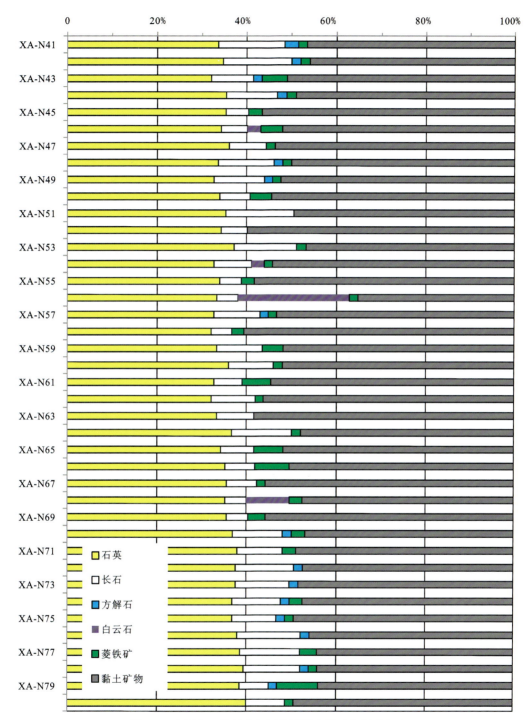

图 3-4　XAZK01 井额木尔河组页岩全岩矿物组成（二）

与我国南方中扬子地区五峰组-龙马溪组页岩和北美 Barnett 页岩这两种典型海相页岩相比，漠河盆地陆相页岩中黏土矿物含量偏高、石英含量较低，且不含代表强还原沉积环境下形成的黄铁矿（Loucks et al.，2012；杨锐等，2015；郭旭升等，2014）。矿物组成的差异，将对页岩的储集性能和可开采性产生很大的影响。

第二节　黏土矿物组成

漠河盆地中侏罗统页岩黏土矿物相对含量测试结果如图 3-5～图 3-8 所示。

MR1 井额木尔河组和二十二站组页岩(图 3-5)：黏土矿物主要以伊利石和绿泥石为主，含有少量的高岭石。其中，伊利石相对含量占优，分布范围为 50%～100%，平均为 79.29%；绿泥石相对含量处于 0～30% 之间，平均为 20%；仅 MR1-70 样品含有 5% 的高岭石。

MD1 井二十二站组页岩(图 3-5)：黏土矿物中的绿泥石与伊利石的含量相对均衡，前者相对含量在 0～85% 之间，平均为 51.76%；后者相对含量分布在 15%～90% 范围内，平均为 46.47%；仅 3 个样品含有 10% 左右的高岭石。

MD2 井二十二站组页岩(图 3-5)：黏土矿物以伊利石占有绝对优势，其含量普遍在 70% 以上，甚至达 100%，平均更是高达 85.5%；其次为高岭石，相对含量普遍为 10%；少数样品含有 10%～20% 不等的绿泥石。

HWZK01 井额木尔河组页岩(图 3-6)：样品黏土矿物主要为伊利石和绿泥石，伊蒙混层矿物和高岭石次之，且伊利石和绿泥石相对含量变化均较大。其中伊利石相对含量介于 20%～80% 之间，平均为 47.84%；绿泥石相对含量范围处于 0～80% 之间，平均为 26.36%；伊蒙混层矿物和高岭石相对含量的平均值分别为 16.48% 和 9.66%。

XAZK01 井额木尔河组页岩(图 3-7、图 3-8)：黏土矿物中，伊利石、伊蒙混层、绿泥石和高岭石这 4 种矿物都有一定的含量。其中，伊利石相对含量最大，范围处在 15%～55% 之间，平均为 37.44%；其次是伊蒙混层矿物，其相对含量变化较大，介于 10%～60% 之间，平均为 27.81%；接着是绿泥石，其相对含量在 10%～45% 之间，平均为 20.56%；最后是高岭石，相对含量介于 0～25% 之间，平均为 14.19%。

综合上述结果可知，漠河盆地中侏罗统泥页岩中黏土矿物的含量普遍较高，主要以伊利石、伊蒙混层和绿泥石为主，高岭石次之，没有蒙脱石。对比来看，自南向北，伊利石和绿泥石的含量呈逐渐增加趋势。位于西部额木尔河逆冲推覆带的 MR1 井和 MD1 井样品主要以伊利石和绿泥石为主，中部的 MD2 井样品以伊利石为主，这 3 口钻井均不含伊蒙混层；而 HWZK01 和 XAZK01 井都存在一定含量的伊蒙混层，而且位于东部的 XAZK01 井含量相对更高。研究表明，在成岩演化过程中，埋深和温度的增加会促使黏土矿物转化，主要表现为蒙脱石的伊利石化、高岭石的绿泥石化和伊利石的白云母化。绿泥石和伊利石分别代表了偏碱性、偏酸性成岩环境的转化产物(陈吉和肖贤明，2013；张吉振等，2016)。因此，研究区泥页岩在黏土矿物类型与含量上的差异，可能与泥页岩样品所处的不同成岩演化阶段相关。从黏土矿物类型来看，漠河盆地中侏罗统泥页岩整体均处于中-晚成岩阶段。其中，西部的 MR1 井、MD1 井和中部的 MD2 井绿泥石和伊利石的大量发育可能指示该区域泥页岩已进入了晚成岩阶段，可能与逆冲推覆构造的动力热催化作用有关；而 HWZK01 和 XAZK01 井中的泥页岩尚存在一定比例的伊蒙混层，可能表明该区域泥页岩尚处于中成岩阶段，HWZK01 井的演化程度相对更高。

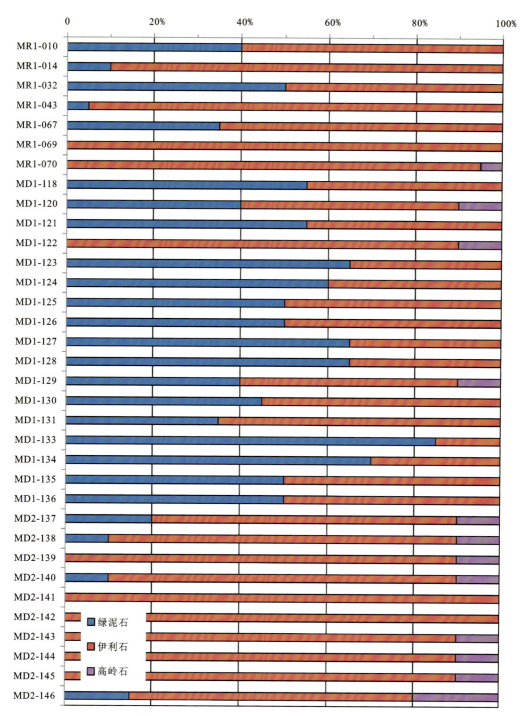

图 3-5 MR1、MD1 和 MD2 井页岩黏土矿物组成

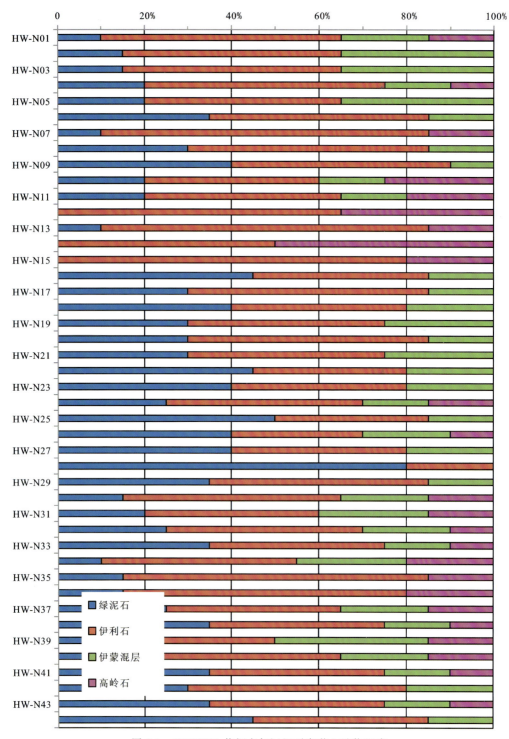

图 3-6 HWZK01 井额木尔河组页岩黏土矿物组成

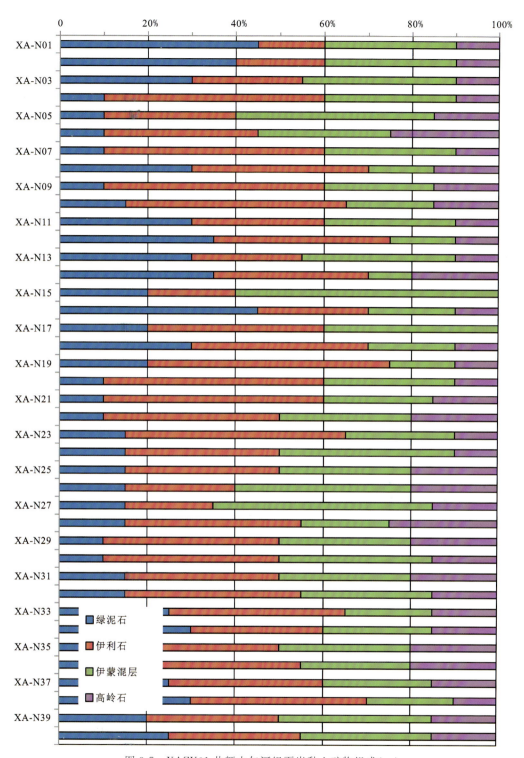

图 3-7 XAZK01 井额木尔河组页岩黏土矿物组成(一)

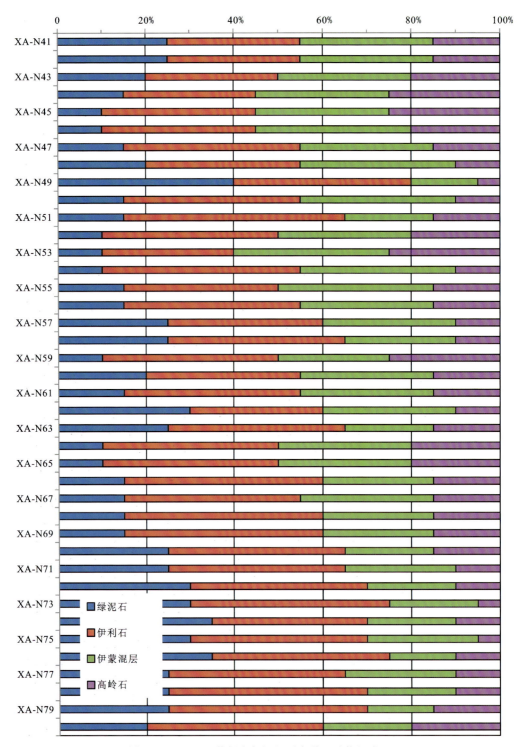

图 3-8 XAZK01 井额木尔河组页岩黏土矿物组成(二)

第三节 页岩脆性分析

北美和我国已进入商业开发的高产页岩气藏的研究成果证实,裂缝是控制页岩气储量和产量的重要因素之一(李新景等,2007)。人们对泥页岩裂缝成因的相关研究也已表明,裂缝形成的外因主要包括地应力、温度和流体压力,而内因则是泥页岩自身的脆性。泥页岩的全岩矿物中脆性矿物的存在影响着自然裂缝发育的程度,有利于页岩油气局部富集,形成"甜点"(陈吉和肖贤明,2013;赵迪斐等,2014)。页岩作为一种极其致密储层,开采其中的天然气必须要经过水平井分段压裂,其脆性特征是压裂设计的一个重要参数。富含石英或者碳酸盐岩等脆性物质更是对泥页岩的人工造缝能力影响显著,有利于在压裂过程中形成丰富的缝网系统,沟通基质孔隙,为页岩气的渗流和运移提供足够的空间通道,有利于页岩气的商业产出(刘友祥等,2015;王芙蓉等,2016)。

目前,对岩石脆性的研究主要通过两种方法:①利用岩石力学特征参数如杨氏模量、泊松比来评价,杨氏模量越高,泊松比越低,岩石脆性越好(孙同英,2014;李政,2011);②利用矿物含量计算岩石的脆度(邹才能等,2010;崔景伟等,2012;郭旭升等,2014)。由于样品量的限制,本书没有进行页岩岩石力学相关的测试,故在此采用计算脆度来评价漠河盆地中侏罗统泥页岩的脆性特征。

前人普遍利用石英/(石英+碳酸盐岩+黏土矿物含量)的比值代表页岩的脆度,由于研究区页岩矿物成分以石英、长石和黏土矿物为主,碳酸盐岩矿物含量很少(图3-1~图3-4,图3-9),故将石英/(石英+长石+黏土矿物含量)的比值定义为石英脆度、将长石/(石英+长石+黏土矿物含量)的比值定义为长石脆度、将(石英+长石)/(石英+长石+黏土矿物含量)的比值定义为页岩总脆度。整体来看,漠河盆地中侏罗统泥页岩中的脆性矿物含量较高,普遍分布在40%~60%之间,与北美页岩和我国南方海相页岩的脆性矿物含量相当。同时,研究区泥页岩的脆性指数主要分布在40%~60%之间,也可与北美页岩的脆性指数对比,达到了压裂改造的下限。另外,基于5口井页岩样品的石英脆度与总脆度、长石脆度与总脆度的关系图(图3-10),可以发现石英脆度和总脆度之间具有很好的线性关系(图3-10A),长石脆度与总脆度之间也存在一定的正相关性,但线性关系相对较弱(图3-10B)。这可以说明,漠河盆地中侏罗统陆相页岩中的石英和长石矿物是影响其脆度的主要因素,其中又以石英为其主控因素。

页岩矿物组成与分布主要受沉积环境、物源及成岩作用等因素控制。石英的含量和类型对页岩气富集和高产具有重要的控制作用,也可以很好地指示页岩储层的岩石力学性质,是影响页岩可压裂性和诱导裂缝形态的重要因素。石英按其来源主要包括碎屑石英与生物石英。碎屑石英源于沉积作用阶段沉积的母岩风化产物,而生物石英则源于生物分泌的沉淀物。此外,在成岩过程中也可以形成与黏土矿物转化相关的石英。蒙脱石向伊利石、伊利石向白云母转化过程中,均可以释放出大量的游离硅,反应所产生的二氧化硅的质量可以达到反应矿物质量的17%~28%(Van,2008)。由于泥页岩内部是一个致密封闭环境,反应释放出来的二氧化硅会在原地或者临近渗透性相对较好的页岩中胶结形成自生石英,造成石英边

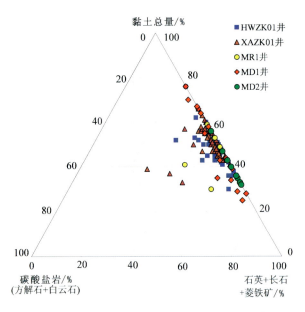

图 3-9　漠河盆地中侏罗统泥页岩矿物组成三角图

缘次生加大现象(Metwally and Evgeni, 2012)。南方海相上奥陶统五峰组—下志留统龙马溪组海相页岩中,石英矿物主要包括陆源碎屑石英和次生石英两大类(Dong et al., 2019)。陆源碎屑石英可进一步分为粉粒碎屑石英和硅质骨架碎片,成岩过程中形成的次生石英可进一步分为石英加大边、自形石英集合体和黏土矿物转化过程中形成的微晶石英。研究认为,与陆源碎屑石英相比,自形石英集合体更能增强地层的脆性,多种石英类型形成的刚性框架可以有效地增强页岩抗压实能力,保护粒间孔隙,提高页岩的储集性能。与其他陆相湖盆相似,漠河盆地中侏罗统页岩中的石英矿物主要源于陆源碎屑的输入和成岩过程中的次生加大,这一点与龙马溪组上部页岩相似。陆源碎屑石英多以分散状分布在页岩当中,该类页岩的塑性较强,抗压实能力较弱。因此,对于陆相页岩来说,具有高石英含量和高脆性指数与是否具有良好的脆性之间尚无明显关系。

与海相页岩相比,陆相页岩还存在黏土矿物含量较高的特点。黏土矿物的富集可以扩大矿物颗粒的比表面积,不仅可以吸附有机质,而且利于页岩气的吸附和赋存。前人的研究表明,黏土矿物是塑性矿物并且影响着页岩的力学性能(Wang and Carr, 2013)。Dong 等(2017)通过对加拿大泥盆系海相页岩研究也指出,黏土矿物是控制页岩脆性的最重要因素,高含量黏土矿物会导致页岩的塑性增加,不易形成复杂缝网体系。此外,由于黏土矿物自身具有较强的亲水性,其对水力压裂的影响是很明显的。如前所述,漠河盆地中侏罗统陆相页岩中黏土矿物含量普遍高于 45%,对页岩的压裂是十分不利的。因此,寻找高石英、低黏土、裂缝发育的区域是漠河盆地陆相页岩进行工业开采页岩气面临的最主要挑战之一。

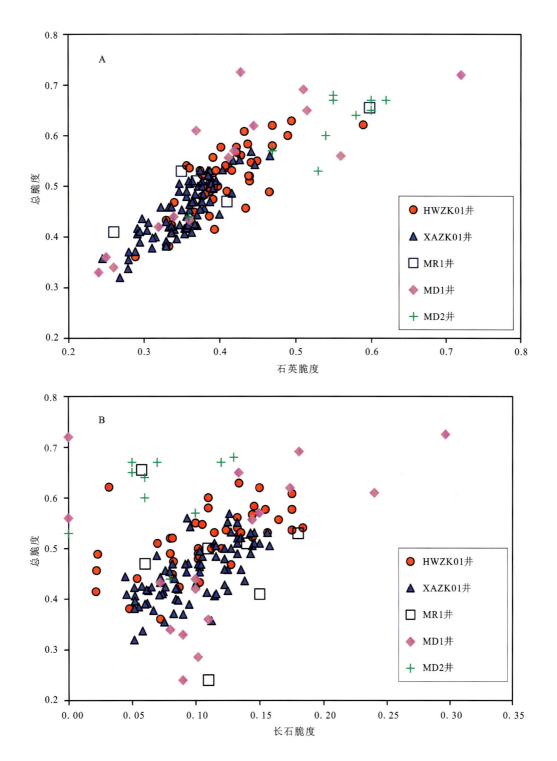

图 3-10 漠河盆地中侏罗统泥页岩总脆度与石英脆度(A)和长石脆度(B)的关系

第四章 泥页岩有机地球化学特征

页岩气是一种自生自储的油气资源，按照油气有机成因理论，页岩储层中的有机质是页岩气的重要物质基础。前人对我国南方海相高成熟页岩（王玉满等，2012；杨锐等，2015；邹才能等，2010；郭旭升等，2014）和北方海陆过渡相（刘娇男等，2015）、陆相页岩（高小跃等，2013；耳闯等，2013；党伟，2015）储层研究均表明，页岩中有机质的丰度、有机质类型和热演化程度共同决定着其产气量和吸附气量。特别是页岩储层中的有机质在进入高成熟或过成熟阶段后，会产生大量与有机质生烃转化相关的纳米级孔隙（Chalmers et al.，2012；Curtis et al.，2012；王道富等，2013；胡宗全等，2015），这种纳米级的有机质孔隙是产气页岩中最重要的孔隙类型和储气空间。页岩生成油气过程形成的沥青质可以溶解页岩自身生成的天然气，而且对页岩进入高熟阶段之后的持续供气和维持孔隙压力具有重要意义（胡宗全等，2015）。可见，有机质对页岩气的控制作用体现在页岩气的生成和有机质孔隙的富集两个方面。

第一节 有机质丰度特征

有机质丰度特别是有机碳含量是评价页岩储层的重要指标。有机质丰度的评价指标有很多，鉴于本次研究现有数据，主要通过有机碳含量、岩石热解生烃含量两个指标对漠河盆地中侏罗统泥页岩的有机质丰度进行评价。一般来说，泥页岩生成的烃类首先需要满足自身的吸附量之后才可以有效地排驱出去，因此确定有机碳含量下限值十分重要。不同的沉积环境有机碳下限值不同，表4-1是中国陆相湖泊泥质烃源岩有机质丰度评价标准。

表4-1 中国陆相湖泊泥质烃源岩有机质丰度评价标准（据何生等，2010）

演化阶段	评价参数	干酪根类型	烃源岩级别				
			很好	好	中等	差	非烃源岩
	有机质类型		富烃腐泥型	腐泥型	中间型	腐殖型	腐殖型
未成熟—成熟	TOC/%	Ⅰ—Ⅱ$_1$	>2.0	1.0~2.0	0.5~1.0	0.3~0.5	<0.3
		Ⅱ$_2$—Ⅲ	>4.0	2.5~4.0	1.0~2.5	0.5~1.0	<0.5
	S_1+S_2/(mg·g^{-1})		>10	5.0~10	2.0~5.0	0.5~2.0	<0.5
成熟—过成熟	TOC/%	Ⅰ—Ⅱ$_1$	>1.2	0.8~1.2	0.4~0.8	0.2~0.4	<0.2
		Ⅱ$_2$—Ⅲ	>3.0	1.5~3.0	0.6~1.5	0.35~0.6	<0.35

一、有机碳含量

烃源岩中原始有机质只有很少一部分转化为油气并排出烃源岩，大部分有机质仍残留在烃源岩中；另外，有机质中碳元素含量越大，稳定程度越高，因此残余有机碳含量（TOC）是评价烃源岩有机质丰度的最主要指标。

漠河盆地中侏罗统泥页岩 TOC 测试结果如表 4-2 所示。样品来源于野外地质露头、地质深钻井和浅井，野外样品采集时选择新鲜的露头，岩性主要为暗色泥岩和碳质泥岩等。分析结果显示，钻井样品 TOC 含量普遍高于野外样品。二十二站组泥岩样品 TOC 分布范围在 0.08%～4.74% 之间，平均为 0.91%；额木尔河组泥岩样品 TOC 分布范围在 0.10%～22.83% 之间，平均为 2.18%。整体上，额木尔河组 TOC 含量明显高于二十二站组，但从纵向来看，MR1、MD1 和 MD2 井下部二十二站组的 TOC 要高于额木尔河组。通过对取自 HWZK01 井和 XAZK01 井的 124 个额木尔河组泥页岩样品的 TOC 数据的对比分析可知（图 4-1），HWZK01 井泥页岩 TOC 的范围处在 0.43%～13.4% 之间，平均为 2.75%；XAZK01 井泥页岩 TOC 的范围处在 0.54%～22.83% 之间，平均为 2.55%。HWZK01 井 44 个页岩样品中，TOC 含量在 1.0% 以上的占 88%、2.0% 以上的占 61%、4.0% 以上的占 16%；XAZK01 井 80 个页岩样品中，所有样品的 TOC 都在 0.5% 以上，TOC 含量在 1.0% 以上的占 55%、2.0% 以上的占 30%、4.0% 以上的占 20%。HWZK01 井明显具有相对较高的有机质丰度。

表 4-2　漠河盆地烃源岩有机质丰度统计表

井号/剖面	层位	TOC/%	S_1+S_2/(mg·g^{-1})
兴安	额木尔河组	$\dfrac{0.37\sim2.40}{1.06(7)}$*	$\dfrac{0.05\sim0.17}{0.11(7)}$
丘古拉河桥		$\dfrac{0.56\sim1.01}{0.86(4)}$	$\dfrac{0.18\sim4.00}{1.21(4)}$
大丘古拉河		$\dfrac{0.56\sim4.13}{1.88(8)}$	$\dfrac{0.16\sim3.36}{1.08(8)}$
MR1 井		$\dfrac{0.13\sim1.03}{0.48(8)}$	$\dfrac{0.03\sim0.25}{0.08(8)}$
MD2 井		$\dfrac{0.19\sim0.70}{0.45(2)}$	$\dfrac{0.06\sim0.13}{0.10(2)}$
HWZK01 井		$\dfrac{0.43\sim13.4}{2.75(44)}$	$\dfrac{0.00\sim1.15}{0.08(44)}$
XAZK01 井		$\dfrac{0.54\sim22.83}{2.55(80)}$	$\dfrac{0.04\sim11.45}{1.02(80)}$
河湾林场		$\dfrac{0.1\sim8.38}{1.13(22)}$	$\dfrac{0.0\sim1.82}{0.09(22)}$
兴安浅井 EMK01、EMK11、EMK12 井		$\dfrac{0.4\sim10.17}{2.23(32)}$	$\dfrac{0.15\sim1.24}{0.38(8)}$
二十二站北山	二十二站	$\dfrac{0.08\sim0.63}{0.37(19)}$	$\dfrac{0.05\sim0.58}{0.20(19)}$
门都里东		$\dfrac{0.27\sim1.56}{0.77(4)}$	$\dfrac{0.06\sim0.11}{0.08(4)}$
MR1 井		$\dfrac{0.29\sim2.08}{1.08(16)}$	$\dfrac{0.02\sim0.28}{0.05(16)}$
MD1 井		$\dfrac{0.10\sim3.36}{0.95(16)}$	$\dfrac{0.04\sim0.42}{0.14(16)}$
MD2 井		$\dfrac{0.82\sim4.74}{2.12(6)}$	$\dfrac{0.10\sim0.70}{0.27(6)}$

注：* 指 $\dfrac{\text{最小值} - \text{最大值}}{\text{平均值（样品数）}}$。

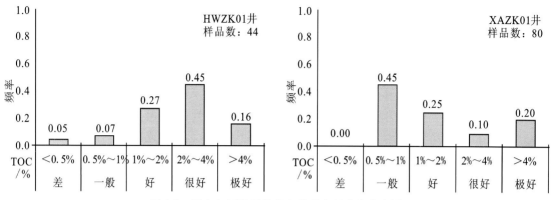

图 4-1 额木尔河组页岩总有机碳含量分布直方图

二、生烃潜量

岩石热解可通过测定岩样中所含的吸附烃(S_1峰)、干酪根热解烃(S_2峰)和二氧化碳烃(S_3峰)与水等含氧化合物参数,快速评价泥页岩的有机质丰度、类型及成熟度等地化特征。生烃潜量是指烃源岩中的有机质在全部热降解完毕后所产生的油气量,是吸附烃(S_1)与热解烃(S_2)之和。它不包括生成后已从烃源岩中排出的部分,是已经生成的吸附在烃源岩中的和潜在能生成的烃类物质的总和。因此,该指标会随着排烃过程的进行而逐步降低。生烃潜量也是评价烃源岩有机质丰度的重要指标之一。

从测定的生烃潜量(S_1+S_2)统计来看(表 4-2),来自漠河盆地南部钻井和露头剖面的大部分样品生烃潜量小于 0.5mg/g,二十二站组泥页岩更是整体低于 0.7mg/g。在额木尔河组中,分布于中-北部的丘古拉河桥、大丘古拉河、河湾林场剖面,以及 XAZK01 井、HWZK01 井、兴安浅井的部分样品生烃潜量大于 1mg/g。其中,HWZK01 井页岩样品的成烃潜量(S_1+S_2)分布在 0.00~1.15mg/g 之间,平均为 0.08mg/g;XAZK01 井页岩样品 S_1+S_2 分布在 0.04~11.45mg/g 之间,平均为 1.02mg/g。以 XAZK01 井额木尔河组生烃潜力最大。位于北部的 MR1、MD2 和兴安剖面均在 0.3mg/g 以下。

三、井下与露头样品对比

从额木尔河组野外样品和井下岩芯的对比来看(图 4-2、图 4-3),野外样品普遍存在 TOC 含量低、生烃潜量极低(多数<0.1mg/g,趋近于 0)的特点,相比有机碳,生烃潜量可能受风化作用的影响更大。井下样品,具有 TOC 含量相对较高、生烃潜量较大的特点。HWZK01 井和 XAZK01 井样品多数属于中等—好烃源岩范围,部分可达到很好烃源岩级别;MR1 井样品则均为非—差烃源岩。

在二十二站组中(图 4-4、图 4-5),泥页岩野外样品测试值较钻井岩芯偏低的特征更加明显,均属于非烃源岩。3 口钻井中,MD1 井和 MD2 井相对较好,以中等—好烃源岩为主,

MR1井多为差烃源岩。除了3口井所在位置更靠近较深水区的原因之外,地表风化作用也是导致野外样品测试值偏低的重要因素之一。

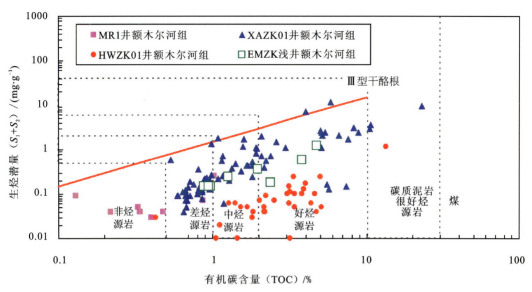

图 4-2　漠河盆地钻井额木尔组 TOC 与生烃潜量(S_1+S_2)相关图

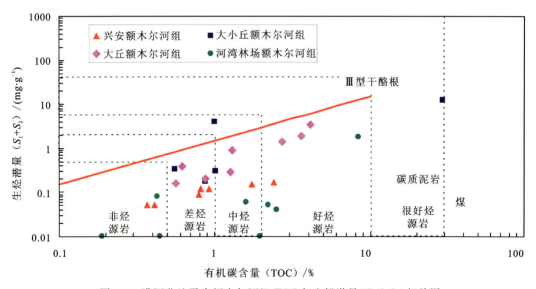

图 4-3　漠河盆地露头额木尔组 TOC 与生烃潜量(S_1+S_2)相关图

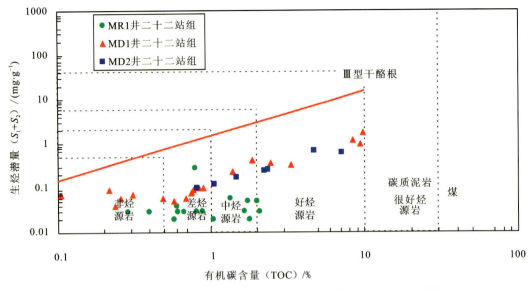

图 4-4 漠河盆地钻井二十二站组 TOC 与生烃潜量(S_1+S_2)相关图

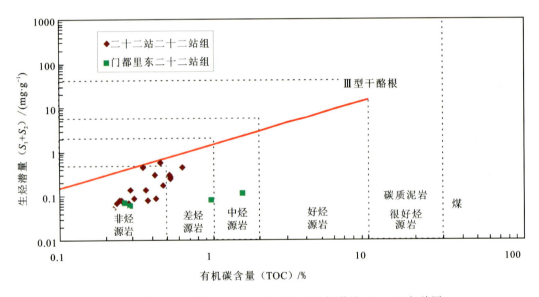

图 4-5 漠河盆地露头二十二站组 TOC 与生烃潜量(S_1+S_2)相关图

四、有机质丰度平面分布特征

额木尔组：根据野外露头剖面和钻井岩芯样品的 TOC 测试结果，绘制了额木尔组 TOC 和生烃潜量(S_1+S_2)等值线图(图 4-6、图 4-7)。漠河盆地北部地区的额木尔组泥页岩 TOC 值都可在 0.5% 以上，推测在大丘古拉河附近、HWZK01 井以北、老二十五站以北至黑龙江沿岸区域存在 3 个 TOC 高值区。整体上，TOC 等值线具有向北逐渐增加的趋势，这与沉积相分析中相对深水区所在的位置相吻合。如图 4-7 额木尔组生烃潜量(S_1+S_2)平面分布特征所示,生烃潜量等值线的变化趋势与 TOC 相近,在 TOC 的高值区可能同时存在 (S_1+S_2) 的高值区,但是 HWZK01 井和 MR1 井所在的西部区域泥页岩的生烃潜量明显低于东南部地区,大丘古拉河、XAZK01 井东北大部分地区生烃潜量可以达到 2.0 mg/g 以上。

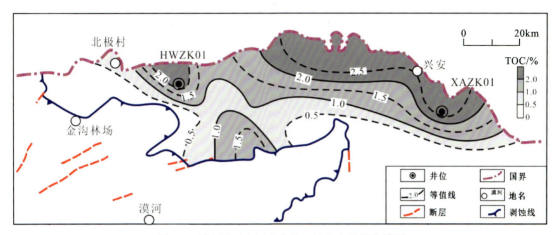

图 4-6　漠河盆地额木尔河组 TOC 含量等值线图

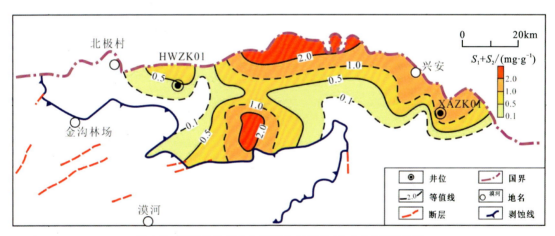

图 4-7　漠河盆地额木尔河组生烃潜量(S_1+S_2)等值线图

二十二站组:虽然二十二站组泥岩露头有限,加之钻井岩芯仅有 MR1 井和 MD1 井、MD2 井 3 口井,但是其在平面上仍然呈现出一定的规律性。如图 4-8 所示,漠河盆地二十二站组 TOC 等值线同样具有由南向北逐渐变大的趋势。在二十二站北山以北广大区域 TOC 含量均可达到 0.5% 以上,在 MD1 井和 MD2 井以北到黑龙江沿岸的弧形区域可能存在两个高值区,TOC 含量均达到 2.0% 以上,推测在兴安镇南至开库康北西区域也存在一个 TOC 的高值区。二十二站泥页岩的生烃潜量(S_1+S_2)测试值异常低,如图 4-9 所示,虽然生烃潜量等值线的变化趋势可能与 TOC 相近,但是从测试结果上看,MD2 井(S_1+S_2)最大值只有 0.7mg/g,MR1 井的最大值则仅为 0.28mg/g,MD1 井的最大值也才 1.79mg/g。

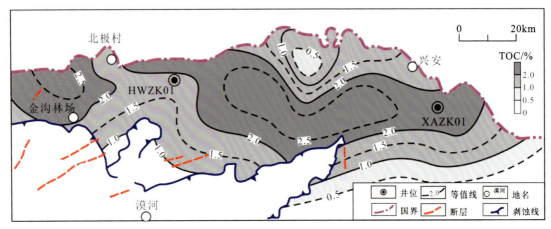

图 4-8　漠河盆地二十二站组 TOC 含量等值线图

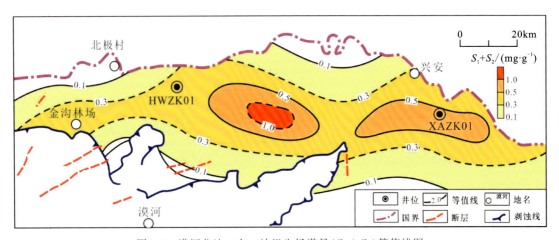

图 4-9　漠河盆地二十二站组生烃潜量(S_1+S_2)等值线图

如前所述,中侏罗统二十二站组和额木尔河组泥页岩主要发育于滨浅湖相、前三角洲相等沉积相中。页岩 TOC 也具有北部大于南部的分布特征,与页岩所处沉积环境相吻合。沉积环境、沉积相带制约着泥页岩有机质丰度的分布。

第二节　有机质类型

有机质类型的确定常从干酪根的性质和组成来加以区分,比较常用的鉴别干酪根类型的参数有干酪根元素分析、干酪根镜下鉴定、岩石热解分析、生物标志化合物等。我国比较通用的陆相烃源岩中干酪根类型划分方案是:Ⅰ型为腐泥型,Ⅱ型为混合型的中间型(包括$Ⅱ_1$型腐殖腐泥型和$Ⅱ_2$型腐泥腐殖型),Ⅲ型为腐殖型,另外还有Ⅳ型为煤质型。

一、干酪根显微组分组成

干酪根可以划分为镜质组、惰质组、壳质组和腐泥组等显微组分，我国陆相烃源岩干酪根是上述4种组分不同比例的混合。常通过测定各组分的相对百分含量来划分有机质类型。表4-3列出了额木尔河组页岩有机质各组分含量、有机质类型，其中有机质类型由计算出的类型指数TI的值根据表4-4的分类标准确定。整体上看，HWZK01井和XAZK01井页岩样品的有机质类型以II_2型为主、少量II_1型。有机质显微组分主要为腐泥组和镜质组，含极少量的惰质组，不含壳质组，其中腐泥组普遍占到1/3以上。

表4-3 漠河盆地额木尔河组页岩有机质类型测试结果

井号	样品编号	腐泥组/%	壳质组/%	镜质组/%	惰质组/%	有机质类型
HWZK01井	HW-N12	70.7	0	29.3	0	II_1
	HW-N24	64.7	0	35.0	0.3	II_2
	HW-N33	63.3	0	36.3	0.3	II_2
	HW-N43	65.0	0	34.7	0.3	II_2
XAZK01井	XA-N09	67.3	0	32.7	0	II_1
	XA-N23	66.3	0	33.7	0	II_1
	XA-N36	64.3	0	35.3	0.3	II_2
	XA-N59	65.3	0	34.7	0	II_2
	XA-N80	64.7	0	35.0	0.3	II_2

表4-4 我国烃源岩有机质(干酪根)镜检分类标准(据许怀先等，2001)

有机质类型	类型指数TI	产油气性质
腐泥型Ⅰ	>80	产油为主
腐殖腐泥型II_1	40~80	产油、气
腐泥腐殖型II_2	0~40	产气、油
腐殖型Ⅲ	<0	产气为主

注：类型指数TI=(腐泥组×100+壳质组×50+镜质组×(−75)+惰质组×(−100))/100。

大庆油田有限责任公司(2007)对漠河盆地中侏罗统烃源岩进行干酪根显微组分鉴定，划分有机质类型，在20块样品中，有17块为Ⅲ型干酪根，2块为Ⅱ型干酪根，1块为Ⅰ型干酪根。邓磊等(2015a)通过显微组分统计认为,额木尔河泥页岩有机质类型主要为II_1和II_2型,而I型有机质仅占7%。赵省民等(2015)也指出额木尔河组泥页岩有机质类型主要以II、III型为主。

二、岩石热解分析

岩石热解最高峰温 T_{max}(℃)是烃源岩热解 S_2 峰的最大生烃强度处所对应的温度。氢指数是岩石热解分析中干酪根热解烃(S_2峰)与有机碳的比值,即 S_2/TOC。氢指数(S_2/TOC)和岩石热解最高峰温(T_{max})与有机质类型有较好的对比关系,可用这两个参数来确定烃源岩中有机质的类型。

基于本次测试的岩石热解数据(表4-5)制作 HI 与 T_{max} 范式图(图4-10),发现二十二站组和额木尔河组样品有机质类型大部分落于III型干酪根范围之内,仅极个别为II_2型干酪根。而更多的数据超出了该方法的适用范围。

表 4-5 漠河盆地烃源岩氢指数(HI)和岩石热解峰温(T_{max})统计表

井号/剖面	层位	HI/(mg·g^{-1})	T_{max}/℃
兴安	额木尔河组	$\frac{6\sim17^*}{12(7)}$	$\frac{520\sim531}{525(7)}$
丘古拉河桥		$\frac{19\sim355}{103.6(4)}$	$\frac{435\sim504}{489(4)}$
大丘古拉河		$\frac{31\sim77}{52.25(8)}$	$\frac{441\sim506}{457(8)}$
MR1井		$\frac{4.17\sim46.15}{12.58(8)}$	$\frac{374\sim492}{415(8)}$
MD2井		$\frac{14.29\sim21.05}{17.67(2)}$	$\frac{375\sim579}{477(2)}$
HWZK01井		$\frac{0\sim8.43}{1.91(44)}$	$\frac{472\sim600}{568(44)}$
XAZK01井		$\frac{1.89\sim192.31}{34.46(80)}$	$\frac{481\sim573}{504(80)}$
河湾林场		$\frac{1\sim21.48}{2.01(22)}$	$\frac{327\sim600}{515(22)}$
兴安浅井 EMK01、EMK11、EMK12井		$\frac{6.3\sim26.0}{16.23(2)}$	$\frac{564\sim592}{572(2)}$
二十二站北山	二十二站组	$\frac{24\sim200}{65.32(19)}$	$\frac{330\sim489}{448.58(19)}$
门都里东		$\frac{6\sim38}{21(4)}$	$\frac{457\sim523}{490(4)}$
MR1井		$\frac{0.56\sim25.32}{3.98(16)}$	$\frac{375\sim501}{399(16)}$
MD1井		$\frac{4\sim57}{13.60(19)}$	$\frac{354\sim585}{413(19)}$
MD2井		$\frac{7.14\sim9.38}{8.33(7)}$	$\frac{574\sim590}{586(7)}$

注:*指 $\frac{最小值\sim最大值}{平均值(样品数)}$。

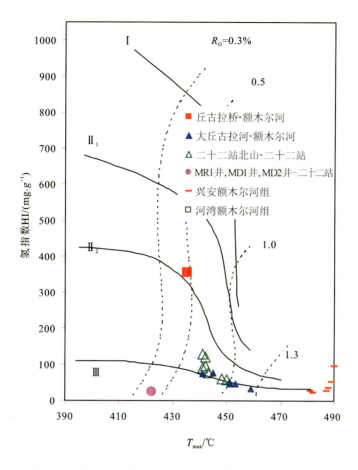

图 4-10　漠河盆地侏罗系烃源岩氢指数 HI 与 T_{max} 关系图

如果有机碳含量过低、热解烃（S_2）过低，或者进入高—过成熟阶段，岩石热解最高峰温（T_{max}）数值会受到较大影响，导致该方法不适于进行有机质类型判别。另外，风化作用也可能导致野外露头样品有机质类型变差。例如，辛仁臣等（2003）根据干酪根的元素分析，采用 H/C 和 O/C 原子比分析了二十二站组和额木尔河组的干酪根类型，结果显示为 Ⅳ 型，该结果可能是受野外样品风化作用所致。因此，该方法测得的有机质类型以 Ⅲ 型干酪根为主可能存在局限性。

第三节　有机质成熟度

有机质成熟度是沉积有机质在埋藏过程中由于地层增温所产生的各种变化，它是地温和有效加热时间相互补偿作用的结果。常用来评价有机质成熟度的参数有很多，如镜质体反射率（R_o，%）、岩石热解峰温（T_{max}，℃）、生物标志化合物及可溶有机质参数，还有孢粉和干酪根的颜色法等，另外，还可应用镜质体反射率的热力学和化学动力学模型，在埋藏史和热史模拟的基础上较精确地模拟计算有机质的成熟度。

一、镜质体反射率

镜质体反射率是温度和有效加热时间的函数,具不可逆性,其随成熟度而增加。本次对漠河盆地侏罗系野外露头样品和钻井岩芯开展了镜质体反射率分析,测试结果显示:二十二站组,二十二站北山剖面为0.58%~0.88%,门都里东山为2.53%~2.60%,MR1井可达到5.58%~5.94%,MD1井为0.56%~0.64%,MD2井为2.75%~2.89%;额木尔河组,丘古拉桥剖面R_o在0.98%~1.09%之间,兴安剖面为0.94%~1.15%,大丘古拉河剖面较低,为0.62%~0.70%,MD2井为1.81%~1.97%,HWZK01井和XAZK01井实测R_o为1.05%~1.46%(平均为1.19%)。

前人也对漠河盆地侏罗系页岩成熟度进行了研究:辛仁臣等(2003)对野外样品的镜质体反射率测试结果显示,二十二站组R_o在0.7%~0.9%之间,额木尔河组R_o在0.7%~1.2%之间,处于中等成熟阶段。苗忠英等(2014)对北极村附近MK2井额木尔河组泥页岩的测试结果显示,其R_o处于2.0%~4.8%之间。赵省民等(2015)和邓磊等(2015a)统计认为额木尔河组泥页岩R_o在0.8%~3.54%之间,盆地东部地区处于0.99%~1.54%之间(平均为1.27%),达到成熟阶段;而中西部地区R_o为0.8%~3.54%(平均为1.8%),普遍处于高—过成熟阶段。

从上述统计来看,漠河盆地侏罗系泥页岩处于低熟至高—过成熟较为宽泛的热演化阶段,并呈现出了明显的由盆地东南部向西北部逐渐增高的趋势。尤其是在西部额木尔河逆冲推覆带构造单元的根带附近,有机质成熟度均在2.5%以上,这与逆冲推覆构造活动引起的动力变质作用密切相关。

二、热解峰温

热解峰温T_{max}(℃)是烃源岩热解S_2峰的最大生烃强度处对应的温度。随着泥页岩不断埋深,经历了更高的温度,生烃量不断增大,此时热稳定性较小的物质已经裂解,残留下来的是热稳定性较高的物质,而T_{max}不断向高温区位移。热解峰温T_{max}(℃)可用来确定烃源岩的未成熟带、成油带和成气带。此方法受干酪根的类型影响,值得注意的是,在有机碳含量低于0.4%和S_2低于0.2mg/g时,T_{max}(℃)会出现异常不能使用(何生等,2010)。我国学者针对中国陆相生油岩的特点建立了生油岩最高热解峰温度T_{max}划分有机质演化阶段的标准(表4-6)。

表4-6 我国生油岩T_{max}(℃)划分成熟度标准(据叶加仁等,1995)

演化阶段	未成熟	低成熟	成熟	高成熟	过成熟
泥岩	<435	435~445	445~480	480~510	>510
碳酸盐岩	<425	425~450	450~475	475~525	>525
对应R_o/%	<0.5	0.5~08	0.8~1.3	1.3~2.0	>2.0

岩石热解分析结果显示(表4-5),额木尔组样品 T_{max}(℃)分布在 327～600℃之间,有效数据(TOC>0.4%,S_2>0.2mg/g)主要集中在 441～600℃范围之内;二十二站组样品 T_{max}(℃)分布在 330～585℃之间,有效数据主要集中在 355～590℃范围之内。根据成熟度判别标准,显示出漠河盆地侏罗系烃源岩的有机质成熟度从低熟到高—过成熟均有分布,特征与镜质体反射率结果相符。

三、成熟度平面分布特征

根据镜质体反射率和岩石热解最高峰温 T_{max}(℃),可以粗略地勾绘出额木尔组的成熟度等值线图,如图 4-11 所示,额木尔组整体上均已进入成熟门限,并在丘古拉桥和 XAZK01 井以北区域,都已经进入中等—高成熟阶段。因此,虽然额木尔组泥页岩的有机质类型整体上是以偏腐殖型和腐殖腐泥型为主,生烃潜力较小,但是考虑到其整体上已经历了较高的热演化阶段(T_{max}在 481～506℃之间,处于高成熟阶段,1.3<R_o<2.0),该套泥页岩整体上应属于中等—好烃源岩的范围。

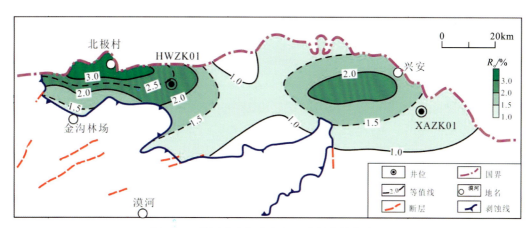

图 4-11 漠河盆地额木尔组成熟度等值线图

从二十二站组成熟度等值线图(图 4-12)可知,二十二站组除盆地南缘之外,盆地深部均已达到高成熟阶段。故综合分析认为,二十二站组泥页岩具有较高的有机碳含量,说明其原始有机质较为丰富;生烃潜量偏低,可能是由于成熟度过高,干酪根已经大量成烃,并已消失殆尽。

漠河盆地中侏罗统烃源岩的干酪根类型主要偏腐殖型和腐殖腐泥型,是倾气型有机质。有学者认为有机质达到成熟阶段的泥岩,有机碳含量大于 0.3% 就可以作为有效气源岩。按照这一标准,漠河盆地二十二站组和额木尔组泥岩样品大多数达到了气源岩标准。依据中国陆相湖泊泥质烃源岩有机质丰度评价标准,关于干酪根类型为 $Ⅱ_2$ 和Ⅲ型,且处于成熟阶段的 5 类烃源岩划分方法(表 4-1),约 80% 的中侏罗统二十二站组和额木尔组烃源岩属于中等—很好烃源岩范畴。由此可见,广泛分布在盆地北部的中侏罗统暗色泥页岩,具有可观

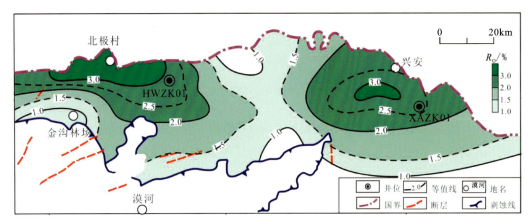

图 4-12 漠河盆地二十二站组成熟度等值线图

的厚度、较高的有机质丰度和中等—高等的成熟度,推断漠河盆地具有可观的天然气生成潜力。

第四节 生物标志化合物

一、正构烷烃特征

正构烷烃是油气的主要烃类组成,正构烷烃的碳数范围、主峰碳数特别是碳数分布形式是十分有用的参数。正构烷烃分布特征,可以反映泥页岩中有机质的母质来源。如正构烷烃分布呈前单峰型认为有机质来自低等浮游生物的类脂体生源母质,后单峰型则与有机质来自高等植物生源母质有关,介于两者之间的双峰型认为有机质是混合来源的。应该指出由于正构烷烃对细菌降解和热力作用最为敏感,并在一定程度上受运移影响,所以正构烷烃指标一般只对低—中等成熟度,生物降解不明显的原油才有较好的效果(Peters and Moldowan,1993;Peters et al.,2005)。

从 15 个泥岩样品(表 4-7)分析结果来看,二十二站组和额木尔河组样品正构烷烃特征相似。正构烷烃碳数分布基本均呈单峰型(图 4-13),主峰碳在 $C_{16} \sim C_{19}$ 之间,奇偶优势不明显,OEP 在 0.87~1.16 之间,碳优势指数稍大于 1,CPI 在 1.07~1.24 之间,说明已进入成熟阶段(苗忠英等,2014;王建广,2014;邓磊等,2015a)。$(C_{21}+C_{22})/(C_{28}+C_{29})$ 比值在 2.29~9.26 之间,$\sum C_{21-}/\sum C_{22+}$ 比值在 1.31~7.34 之间。低碳数正构烷烃相对丰度大于高碳数正构烷烃相对丰度,这主要是由于泥岩中有机质处于成熟阶段,在相近环境和母质来源的情况下,演化程度越高,高碳数正构烷烃向低碳数正构烷烃转化的程度越明显。

表 4-7 泥页岩正构烷烃与类异戊二烯烷烃参数统计表

样品号	剖面名称	层位	主峰碳	OEP	CPI	$(C_{21}+C_{22})/(C_{28}+C_{29})$	$\sum C_{21-}/\sum C_{22+}$	Pr/Ph
MH-153	兴安		17	1.10	1.16	8.59	6.47	0.84
MH-155	兴安		16	0.91	1.15	9.26	7.34	1.31
MH-156	兴安		17	1.03	1.20	7.56	6.12	0.86
MH-158	丘古拉河桥		18	0.96	1.17	4.63	5.86	1.05
MH-161	丘古拉河桥	额木尔河组	18	0.87	1.21	6.40	4.02	1.11
MH-162	丘古拉河桥		19	0.92	1.19	5.00	6.15	1.08
MH-165	大丘古拉河		19	1.11	1.14	4.98	4.34	0.90
MH-166	大丘古拉河		19	1.10	1.17	2.34	1.34	1.60
MH-167	大丘古拉河		19	1.16	1.21	2.93	2.47	1.25
MH-170	大丘古拉河		19	1.08	1.07	2.29	3.51	1.40
MH-174	二十二站北山		19	1.08	1.13	2.30	1.31	1.47
MH-176	二十二站北山		16	1.08	1.16	3.41	2.15	2.56
MH-184	二十二站北山	二十二站组	18	0.94	1.24	6.29	3.34	0.93
MH-187	二十二站北山		17	1.06	1.09	4.96	2.54	1.97
MH-193	门都里东		19	0.94	1.09	4.08	3.28	0.84

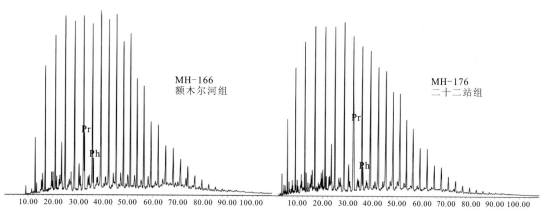

图 4-13 漠河盆地烃源岩中正构烷烃分布图

二、异戊间二烯类化合物

姥鲛烷和植烷是异戊间二烯类化合物中最主要的组分,它们均来源于植醇,在成岩过程中,植醇进一步转化可以形成植烷和姥鲛烷(Peters and Moldowan,1993;Hughes et al.,1995;Harris et al.,2004;Peters et al.,2005)。姥鲛烷与植烷的相对含量可以反映原始有机质成岩转化时的沉积环境。强还原的水介质环境以形成植烷为主,弱氧化-弱还原的水介质环境以形成姥鲛烷为主,还原的水介质环境姥植均势(表4-8)。从15个泥岩样品(表4-7)分析结果来看,Pr/Ph 比值在 0.84~2.56 之间,姥植均势,CPI 在 1.07~1.24 之间,反映其沉积时的水体环境为还原的淡水-微咸水湖相环境(苗忠英等,2014;邓磊等,2015)。

表4-8 不同沉积相 Pr/Ph 变化(据王启军和陈建渝,2009)

沉积相	生油岩系	水介质	Pr/Ph	CPI	烃源岩类型
咸水深湖相	膏盐、灰岩、泥灰岩、黑色泥岩互层	强还原	0.2~0.8	<1	植烷优势
淡水-微咸水深湖相	大套富含有机质的黑色泥岩类、油页岩	还原	0.8~2.8	≥1	姥植均势
淡水湖沼相	煤层、油页岩、黑色页岩交替相变	弱氧化-弱还原	2.8~4.0	>1	姥鲛烷优势

Pr/nC_{17}、Ph/nC_{18}、Pr/Ph 这3项指标均有助于划分母质类型或确定生油岩沉积时的水体性质。从研究区泥页岩样品的 Pr/nC_{17}、Ph/nC_{18} 和 Pr/Ph 分布三角图(图4-14)可以看出,大部分样品投点落在淡水湖相,二十二站组部分样品投点落在湖沼相,额木尔河组个别样品落在半咸水-咸水环境(王建广,2014)。

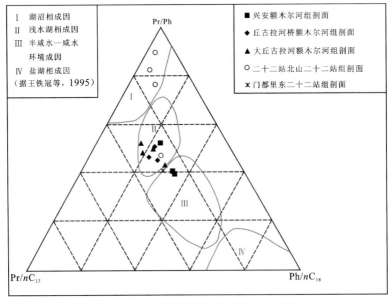

图4-14 泥页岩姥鲛烷、植烷分布三角图

三、甾烷类化合物(m/z 217)

样品中甾烷类化合物检测出了 C_{27}~C_{29} 规则甾烷、孕甾烷和升孕甾烷以及重排甾烷(图4-15)。C_{27}、C_{28} 和 C_{29} 规则甾烷相对含量的高低可以用于判断有机母质来源,C_{27} 甾烷主要来自浮游生物,而 C_{29} 甾烷主要来自陆源高等植物(Peters and Moldowan,1993;Preston and Edwards,2000;Peters et al.,2005;Volk et al.,2005)。从图4-15中可以看出,二十二站组样品的 C_{29} 规则甾烷相对含量大于 C_{27} 规则甾烷,说明样品中有机母质更多来自陆源高等植物;而额木尔河组样品属于均势,或者 C_{29} 规则甾烷略高,说明有机质为陆源高等植物和浮游生物的

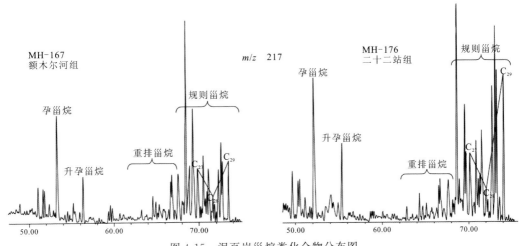

图 4-15 泥页岩甾烷类化合物分布图

混合来源,但仍以高等植物来源贡献占优(苗忠英等,2014;邓磊等,2015a)。

规则甾烷的生物构型为 $5\alpha(H)$,$14\alpha(H)$,$17\alpha(H)C_{27}\sim C_{29}$ 20R,随着热演化作用进行,生物构型(R 构型)甾烷会不断向地质构型(S 构型)转化,即转化为 $5\alpha(H)$,$14\alpha(H)$,$17\alpha(H)C_{27}\sim C_{29}$ 20S,且与 $5\alpha(H)$,$14\alpha(H)$,$17\alpha(H)C_{27}\sim C_{29}$ 20R 共存并最终达到平衡。因此,常用甾烷的 20S/(20R+20S)比值来衡量有机质热演化程度(Peters and Moldowan,1993;Peters et al.,2005)。在 R 构型向 S 构型转化的同时,C_{14} 和 C_{17} 位上的 α-H 会向 β-H 转化,即转化为 $5\alpha(H)$,$14\beta(H)$,$17\beta(H)C_{27}\sim C_{29}$ 20R 和 $5\alpha(H)$,$14\beta(H)$,$17\beta(H)C_{27}\sim C_{29}$ 20S,同样形成 αα 与 ββ 共存并最终达到平衡。所以,也常用 ββ/(αα+ββ)比值来衡量有机质热演化程度,并且与 20S/(20R+20S)比值有良好的线性关系。C_{29} 20S/(20R+20S)和 C_{29} ββ/(αα+ββ)比值是用来判断烃源岩成熟度的最有效参数(表 4-9)。从图 4-16 中可以看出,泥页岩样品均处于成熟阶段,这与苗忠英等(2014)和邓磊等(2015a)的研究成果相近。

表 4-9 泥页岩甾烷类和萜烷类化合物参数统计表

样品号	剖面名称	层位	αααC$_{29}$ S/(S+R)	C$_{29}$ ββ/(αα+ββ)	C$_{30}$ G/ C$_{30}$ H	Ts/Tm	Ts/(Tm+Ts)	C$_{32}$ 22S/(22S+22R)
MH-153	兴安		0.47	0.47	0.15	0.86	0.46	0.66
MH-155	兴安		0.51	0.47	0.06	1.12	0.53	0.61
MH-156	兴安		0.46	0.47	0.23	0.89	0.47	0.59
MH-158	丘古拉河桥	额木尔河组	0.61	0.46	0.06	1.18	0.54	0.50
MH-161	丘古拉河桥		0.59	0.50	0.05	1.10	0.53	0.63
MH-165	大丘古拉河		0.53	0.50	0.09	0.53	0.34	0.49
MH-166	大丘古拉河		0.50	0.49	0.10	0.60	0.37	0.58
MH-167	大丘古拉河		0.52	0.51	0.05	0.92	0.48	0.50
MH-170	大丘古拉河		0.51	0.50	0.03	0.44	0.30	0.55

续表 4-9

样品号	剖面名称	层位	$\alpha\alpha\alpha C_{29}$ S/(S+R)	$C_{29}\beta\beta/(\alpha\alpha+\beta\beta)$	$C_{30}G/C_{30}H$	Ts/Tm	Ts/(Tm+Ts)	$C_{32}22S/(22S+22R)$
MH-174	二十二站北山	二十二站组	0.60	0.38	0.11	3.25	0.77	0.55
MH-176	二十二站北山		0.44	0.56	0.04	2.52	0.72	0.51
MH-184	二十二站北山		0.52	0.40	0.05	0.25	0.20	0.58
MH-187	二十二站北山		0.53	0.55	0.14	2.02	0.67	0.46
MH-193	门都里东		0.58	0.40	0.02	0.83	0.45	0.57

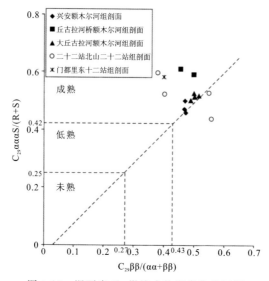

图 4-16 泥页岩 C_{29} 甾烷成熟度参数分区图

四、萜烷类化合物（m/z 191）

样品中萜烷类化合物检测出了五环三萜烷、长链三环萜烷（图 4-17），长链三环萜烷碳数为 $C_{19}\sim C_{30}$，五环三萜烷碳数为 $C_{27}\sim C_{35}$（王建广，2014）。

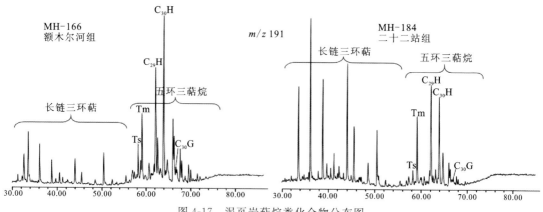

图 4-17 泥页岩萜烷类化合物分布图

伽马蜡烷指数（$C_{30}G/C_{30}H$）可以反映沉积环境的盐度，较低的伽马蜡烷含量反映沉积环境盐度低，为淡水沉积环境；较高的伽马蜡烷含量反映沉积环境盐度高，为咸水沉积环境(Sinninghe et al.,1995;Zhu et al.,2005;Hao et al.,2009)。在本次样品中(表4-9)，兴安额木尔河组2个样品的伽马蜡烷指数为0.15和0.23，与苗忠英等(2014)测得的北极村附近额木尔河组泥页岩伽马蜡烷指数相近(范围0.23～0.3，平均值0.27)，说明额木尔河组沉积期盆地北部的沉积水体具有较高的盐度。而其他南部剖面样品的比值分布在0.02～0.14之间，平均为0.07，反映出盆地南部沉积水体主要为淡水环境。

$17\alpha(H)$-三降藿烷(Tm)的热稳定性比$18\alpha(H)$-三降藿烷(Ts)差，Ts代表较稳定的化合物，Tm代表易熟的化合物(Peters and Moldowan,1993;Peters et al.,2005)。随着成熟度增高，Ts/Tm比值增高，因此Ts/Tm可作为有机质的成熟度指标，对应生油门限的比值为0.67。本次大部分样品的Ts/Tm比值大于0.67(表4-9)，说明样品已超过成熟门限。$Ts/(Ts+Tm)$比值随着成熟度的增加而逐渐增高的趋势可以一直持续到较高成熟阶段，$Ts/(Ts+Tm)$指标平衡值接近1，平衡时对应的镜质体反射率约为1.4%。样品$Ts/(Ts+Tm)$比值最大为0.77，可能说明样品的成熟度R_o小于1.4%(或者已经发生反转，同样不能排除生源和风化作用的影响)。与前述镜质体反射率测试结果对比可知，野外样品的R_o数值均低于1.4，二者对应良好。

随着成熟度的增加，萜烷由β生物构型向α地质构型转化，22R构型(生物构型)也向22S构型(地质构型)转化，莫烷βα构型向藿烷αβ构型转化(Peters和Moldowan,1993;Peters,et al.,2005)。相关指标如藿烷$C_{32}22S/(22S+22R)$指数在0.50～0.54之间表示烃源岩刚进入成熟阶段，0.57～0.62表示已达到主生烃期。由表4-9中数据可发现绝大多数样品$C_{32}22S/(22S+20R)$指数分布在0.50～0.66之间，说明大部分样品处在成熟到主生烃阶段。

第五节　生烃潜力分析

中侏罗统二十二站组和额木尔河组泥页岩具有高有机碳含量、低生烃潜力的特点；有机质沉积时期，水体环境为还原的淡水-微咸水湖相环境；母质来源中陆源高等植物输入占优，有机质类型偏腐殖型(II_2、III型)为主；盆地范围内的有机质均已进入成熟阶段，西北部受逆冲推覆构造的动力变质作用导致有机质已进入高—过成熟阶段，东南部相对较低，以低熟—中等成熟为主。整体来看，漠河盆地北部中侏罗统二十二站组和额木尔河组暗色泥岩残余厚度较大、分布较广，有机质丰度较高，以偏生气型的干酪根为主，热演化程度高，具备了较好的天然气生成的物质基础。

第五章　泥页岩储层孔隙结构特征

与常规气藏相比,富含有机质的页岩气既可以作为气源又可以作为储集层,在天然气储集层中,热成因气或生物气以游离气的形式存在于天然裂缝和粒间孔隙(即矿物、化石或有机质中的次生孔隙)中,或吸附在干酪根和黏土颗粒表面,或溶解在干酪根和沥青中(Curtis,2002;Pollastro,2007;Martini et al.,2008;Jarvie et al.,2007)。北美页岩气储层孔隙结构研究表明,产页岩气的典型孔隙直径在几纳米到 $1\mu m$ 之间,平均总孔隙度在 $4.22\% \sim 6.51\%$ 之间,渗透率一般小于 1mD(Bowker,2007;Strapo´c et al.,2010)。页岩储层的低孔低渗特征是由纳米级和微米级孔隙系统造成的,对富有机质页岩孔隙类型和结构表征、孔隙控制因素的分析和储气能力的评价,对评价页岩气藏含气量和可采性、设计和实施潜在气藏勘探策略具有重要意义(Ross and Bustin,2007,2008;Chalmers and Bustin,2007,2008;Chalmers et al.,2012)。

第一节　页岩纳米级孔隙研究方法

美国大约从 20 世纪 70 年代开始重点研究页岩气,而页岩孔隙的研究则经历了很长一段时间才有初步的概念或模式,总结近些年国内外关于页岩孔隙的研究,发现其大体可分为两个部分:页岩孔隙类型的划分和页岩孔隙的表征方法(Singh et al.,2009;Chalmers and Bustin,2009;Passey et al.,2010;Sondergeld et al.,2010;Slatt and O'Brien,2011)。

从 Singh 等(2009)首次提出页岩"纳米级孔隙"的概念开始,页岩孔隙类型的划分研究至今仍旧是研究的热点和难点。目前主要从两个方面划分页岩孔隙:以孔径绝对大小为参数标准和以能反应孔隙结构、成因为标准。

在孔径大小方面,目前大多数学者都采用国际理论和应用化学协会(International Union of Pure and Applied chemistry,IUPAC)标准(Chalmers and Bustin,2009),即将页岩孔隙分为宏孔隙(孔径>50nm)、介孔隙(孔径处在 $2\sim50$nm 之间)和微孔隙(孔径<2nm)。在以孔隙结构、成因为标准的分类中,通过近些年众多学者对不同地区、不同层位页岩孔隙的研究,目前普遍被大家接受的是 Loucks 等(2012)提出的泥页岩储层基质孔隙三端元分类方案(图5-1),即把页岩基质孔隙分成 3 种基本孔隙类型和 1 种裂缝类型:粒间孔隙、粒内孔隙、有机质孔隙和裂缝孔隙,前两种孔隙类型与矿物基质经受的压实、胶结和后期溶蚀作用等有关,第三种类型与有机质生烃有关,而裂缝孔隙则是由构造作用、矿物成岩收缩和异常压力突破等引起(表5-1)。

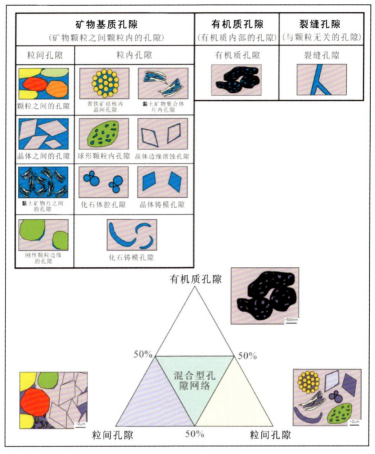

图 5-1　泥页岩基质孔隙类型和网络分类图(据 Loucks et al.,2012)

表 5-1　Loucks 等(2012)页岩孔隙类型划分表

孔隙类型	孔隙特征	孔隙成因
粒间孔隙	矿物颗粒之间、晶体之间、黏土矿物片之间和刚性颗粒边缘的孔隙	主要为原生孔隙,经历埋藏、压实和胶结等残余孔隙
粒内孔隙	矿物颗粒内、黏土矿物集合片内孔隙,晶体溶蚀、晶体铸模孔隙,化石体腔、铸模孔隙	部分为原生孔隙、大多数为次生孔隙,矿物颗粒发生部分或全部溶蚀,矿物结核内晶体间孔隙、黏土解理面(缝)孔与矿物转化有关,如黏土矿物转化
有机质孔隙	有机质内部的孔隙	主要为有机质生烃作用
裂缝孔隙	非基质类孔隙	构造作用、矿物成岩收缩、沉积作用、异常压力突破

页岩气是自生自储型的天然气,影响页岩储集性能的重要因素主要有:页岩孔喉大小、形态和连通性。针对页岩是以纳米孔隙为主的孔径组成特点,现代科学中关于多孔材料表征技术自然就被应用到页岩孔隙表征上,图 5-2 为页岩孔隙表征的一般流程(焦堃等,2014)。

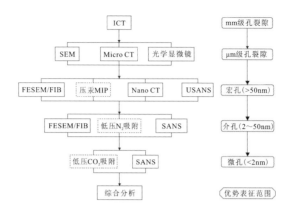

图 5-2 页岩孔隙表征流程图(据焦堃等,2014)

Maex 等(2003)总结了多孔介质孔隙表征方法的 3 种类型:图像分析法(Image Analysis)、流体注入法(Intrusive Method)和非物质注入法(Nonintrusive Method)。

(1)图像分析法:主要集中在利用超高分辨率的电子显微镜(简称"电镜")来观察、拍照和描述,目前主要有聚焦离子束扫描电子显微镜(Focused Ion Beam Scanning Electron Microscopy,FIB-SEM)、高分辨率场发射扫描电子显微镜(Field Emission Scanning Electron Microscopy,FE-SEM)、透射电子显微镜(Transmission Electron Microscopy,TEM)、宽离子束扫描电子显微镜(Broad Ion Beam Scanning Electron Microscopy,BIB-SEM)和原子力显微镜(Atomic Force Microscopy,AFM)等电子显微成像技术以及 Nano-CT 和能谱仪(Energy Dispersive Spectrometer,EDS)等。其中,高分辨率场发射扫描电镜(FE-SEM),和聚离子束刻蚀和场发射扫描电镜双束联用系统(FE-SEM/FIB)是目前主流手段。FE-SEM 常与 Ar 离子抛光技术结合,在对页岩表面进行精细抛光后进行二次电子成像,此种方法在国内外已有大量应用,如 Loucks 等(2009,2012)和 Chalmers 等(2012)分别利用 FE-SEM/FIB 观察并分析了美国多套典型页岩的纳米级孔隙,我国学者邹才能等(2011)利用扫描电镜与 Nano-CT 技术在四川盆地古生界页岩中也发现了纳米级孔隙。

(2)流体注入法:是指利用 N_2 和 CO_2 等气体及汞等非润湿性流体在不同的压力下注入泥页岩样品,通过不同的理论方法模型计算得到孔径分布、比表面积等信息,此类方法因过程简单、数据全面,应用最为广泛。N_2 和 CO_2 等气体等温吸附法理论上能测定的最小孔径为探针气体的分子直径,而最大孔径一般不超过 100nm。目前普遍认为:N_2 更适合用于研究介孔(2~50nm)的孔径分布,CO_2 更适合用于测试微孔(<2nm)的孔径分布,通过概率密度函数模型处理 CO_2 吸附数据可得到微孔分布信息(Bustin et al.,2008;Chalmers,2012;崔景伟等,2012)。针对泥页岩极其致密的特点,常采用高压压汞仪(最大压力超过 400MPa),其理论可测孔径范围为 $0.003 \sim 360 \mu m$(焦堃等,2014)。目前认为高压压汞法在研究页岩大孔与有效孔隙度测定方面具有一定的优势,能弥补气体吸附法的不足(田华等,2012)。

(3)非物质注入法:最大的优点就是:测试时对页岩样品无损伤,能最大限度保留其原始孔隙结构信息。主要包括核磁共振技术(Nuclear Magnetic Resonance,NMR)和小角度散射技术(Small-Angle Scattering,SAS)两种(崔景伟等,2012)。核磁共振技术(NMR)是根据孔径与其中流体的弛豫时间（T_2）间的正相关关系来进行换算获得，该方法不能得到绝对孔径，但可基于相关经验公式与压汞法孔径分布对比获得孔径信息（李海波等，2008）。小角度散射技术（SAS）是利用射线束穿过页岩样品后发生在小角度范围内的散射来获取其微结构信息的，具有快速、无损和样品预处理简单的特点，目前其所能探测的孔径范围为 $1\sim20\ \mu m$（Radlinski et al.,2004）。

在本次研究中，采用氩离子抛光和高分辨率场发射扫描电镜技术，对额木尔河组页岩中的孔隙进行直观观察和识别；综合运用液态氮气、二氧化碳吸附和页岩高压压汞测试，对页岩从微孔、介孔到宏孔全孔径段的孔径和比表面分布进行系统的研究（王建广，2014；何生等，2015；Hou et al.,2015,2019；任克雄，2016）。

第二节 储层孔隙类型

应用氩离子抛光和高分辨率场发射扫描电镜技术，可以很好地刻画页岩储层中的纳米级孔隙发育特征。测试在中国石油化工股份有限公司华东分公司勘探开发研究院完成，依据《岩石样品扫描电子显微镜分析方法》SY/T 5162—2014 石油与天然气行业标准，采用日本日立（HITACHI）公司生产的 HITACHI IM 4000 氩离子抛光仪和德国卡尔蔡司（Carl Zeiss）公司的 ZEISS SIGMA 场发射扫描电子显微镜（加能谱仪）进行测试。该场发射扫描电镜理论性能参数为：二次电子分辨率为 1.3nm（20kV）、1.5nm（15kV）、2.8nm（1kV），放大倍数为 30X～1 000 000X，扫描速率为 0.1s/帧～30min/帧。依据 Loucks 等（2012）的泥页岩孔隙分类标准，额木尔河组泥页岩中的孔隙以颗粒间孔隙和溶蚀孔隙为主，同时也发育有黏土矿物收缩缝、晶间孔隙、刚性颗粒边缘孔隙和少量的微裂缝，有机质孔隙发育很少（图 5-3～图 5-6）。

一、有机质孔隙

前人针对富有机质海相泥页岩孔隙研究认为，分布在有机质内部的纳米孔是页岩中存在的最重要、最广泛的孔隙类型之一，其形成主要受干酪根类型、有机质丰度以及热演化程度的影响，是在有机质热裂解生烃过程中形成的，对页岩气的赋存状态和富集具有重要意义（Jarvie et al.,2007；邹才能等，2010；Loucks et al.,2012；郭旭升等，2014）。我国学者胡宗全等（2015）提出在硅质等刚性颗粒间的孔隙在干酪根生油高峰期会充填迁移有机质，迁移有机质接着会变为固态有机质，并在其内发育有机质孔隙。国内外学者针对有机质孔隙开展了大量的研究，人们对有机质孔隙的认识正处在不断深化之中。

额木尔河组页岩中有机质多以较明显的界限与长石等矿物接触，呈孤立或者游离态分布于骨架矿物之间，并且沿有机质边缘可见到狭缝发育（图 5-5C～F）；有机质与黏土矿物之间则呈过渡接触、相互包裹或黏附（图 5-5A、B）。总体来看，额木尔河组陆相页岩中的有机孔隙不甚发育，仅在井下泥页岩样品中发现了气泡形、椭圆形、椭球形、凹坑状，以及狭缝形等不规则形状的有机孔隙（图 5-4D，图 5-5A、E），孔径主要分布在 18～30nm 之间，个别可达到 150～20nm，并以小于 50nm 为主，多分布局限，连通性差或不具连通性。多数有机质中未见到有机孔隙发育。可能与额木尔河组页岩偏腐殖型的有机质类型有关，相关研究显示，同等有机质含量和热演化程度下，腐泥型有机质较腐殖型有机质更倾向于发育有机孔隙。另外，本次取样主要以露头和浅井为主，受页岩储层围压降低、孔隙气体散失的影响，有机质孔隙可能发生萎缩和坍塌，进而在扫描电镜下无法检测，这一现象普遍存在于我国南方下古生界海相页岩中。

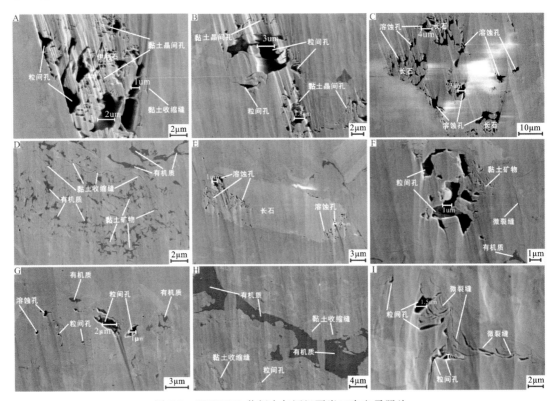

图 5-3　HWZK01 井额木尔河组页岩二次电子照片

A、B. 粒间孔、黏土矿物晶间孔、黏土收缩缝，HW-N11，井深 58.11m；C. 长石颗粒溶蚀孔，HW-N11，井深 58.11m；D. 絮状黏土矿物收缩缝，HW-N24，井深 148.87m；E. 长石颗粒内溶蚀孔、粒间孔，HW-N24，井深 148.87m；F. 粒间孔、微裂缝，HW-N24，井深 148.87m；G. 粒间孔、溶蚀孔，HW-N43，井深 234.63m；H. 黏土收缩缝、粒间孔，HW-N43，井深 234.63m；I. 粒间孔、微裂缝，HW-N43，井深 234.63m

二、无机孔隙

额木尔河组泥页岩无机孔隙主要为：与长石、菱铁矿等有关的溶蚀孔，黏土矿物晶间孔和粒间孔（图 5-3，图 5-4）。野外样品中发育了大量的黏土矿物晶间孔和长石溶孔（图 5-5，图 5-6）。

（1）长石、菱铁矿溶蚀孔：泥页岩中常含有碳酸盐、长石等在酸性地层条件下化学性质不稳定的矿物(Loucks et al.，2012；王玉满等，2012；王芙蓉等，2016)，随着埋深增加和成岩作用的增强，当成岩流体的化学性质与页岩中各组分不能达到化学平衡时（如地下水或干酪根热解过程中形成的有机酸），这些不稳定的矿物常常被溶蚀，其中长石和菱铁矿颗粒是极为常见的被溶蚀组分(任克雄等，2016；Hou et al.，2020)。额木尔河组页岩中长石溶蚀孔多呈狭缝型、三角形和不规则多边形（图 5-3C、E，图 5-4B，图 5-5D、F，图 5-6E、H～L），孔隙直径主要分

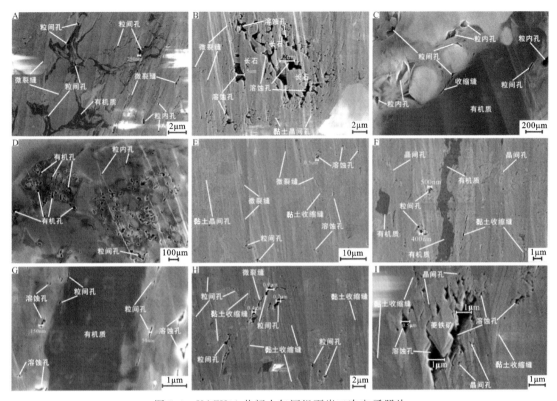

图 5-4　XAZK01 井额木尔河组页岩二次电子照片

A. 无机矿物颗粒间以及与有机质间粒间孔、粒内孔、收缩缝，XA-N09，井深 48.77m；B. 长石溶蚀孔、黏土晶间孔、粒间孔，XA-N09，井深 48.77m；C. 矿物粒间孔、粒内孔、有机质边缘粒间孔，XA-N47，井深 166.54m；D. 有机质孔、粒内溶蚀孔、粒间孔，XA-N47，井深 166.54m；E. 絮状黏土晶间孔、粒间孔、黏土收缩缝，XA-N49，井深 177.53m；F. 黏土收缩缝、晶间孔，XA-N49，井深 177.53m；G. 溶蚀孔、粒间孔，XA-N49，井深 177.53m；H. 黏土收缩缝、粒间孔、微裂缝，XA-N80，井深 296.38m；I. 菱铁矿颗粒溶蚀孔、收缩缝，XA－N80，井深 296.38m

布在 100～1000nm 之间，最大可达 4μm。不规则的多边形孔隙多为集中群体发育，局部溶孔内部纵深较大、连通性相对较好；而狭缝型孔隙一般较为分散，虽然个体延伸较长（可达到 1μm 以上），但相互之间连通不明显。菱铁矿溶蚀孔多呈现菱形和不规则多边形，孔径较大，处在 200～1000nm 之间，连通性较好（图 5-4I）。

（2）黏土矿物晶间孔：主要为黏土矿物结晶、黏土颗粒内部晶体开裂形成的晶间微孔隙（Loucks et al.，2012；吉利明等，2012，2014），此类孔隙通常在早期成岩阶段开始减少。该类孔隙在额木尔河组泥页岩中主要呈狭长弯月形、椭圆形和不规则多边形，尤以不规则形态居多，孔隙通常集中发育，孔径分布跨度较大，井下样品中孔径通常在 40～1000nm 之间（图 5-3A、B，图 5-4E、F），而野外样品孔径则分布在 50nm～8μm 之间，孔隙规模大，孔隙内部纵深大、连通性好（图 5-5B、D，图 5-6A～G）。

（3）粒间孔：此种孔隙可能多为原生孔隙，通常发育于不同颗粒接触处，如有机质、无机矿物或者晶体之间。页岩在沉积埋藏早期会发育很多粒间孔，但经压实后剧烈减少。额木尔河组页岩的粒间孔隙发育较少，多以拉长型和多角形的形态分布在颗粒之间，或围绕在石英、长

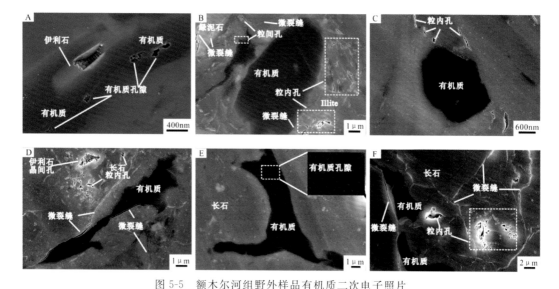

图 5-5 额木尔河组野外样品有机质二次电子照片

A. MH152,有机质与伊利石混合接触,少量有机孔;B. MH155,有机质与伊利石过度接触,有机孔不发育;
C. MH158,游离态有机质,有机孔不发育;D. MH161,有机质与无机矿物之间发育微裂缝;E. MH166,游离态有机质,疑似有机孔隙;F. MH167,游离态有机质,微裂缝发育

石或有机质颗粒的周边(图 5-3A、B、F,图 5-4A、C、G,图 5-6I、J),孔径多大于 100nm。现存的粒间孔通常的成因推测为各种颗粒间的不完全胶结或后期成岩改造,是经过压实胶结后剩余的孔隙空间(吉利明等,2012)。因此,分布较为分散,连通性较差。

(4)黏土收缩缝或微裂缝:收缩缝和微裂缝通常发育在黏土集合体与脆性矿物片边缘,或塑性的有机质与刚性颗粒集合体边缘,成因为黏土矿物脱水后收缩导致体积变小和有机质生烃排烃后收缩形成(李颖莉和蔡进功,2004;卢龙飞等,2012)。形态上,其通常是弯曲的,跟随着黏土矿物集合体和塑性、成块的有机质边缘,裂缝开度一般很小,为几纳米到几十纳米(图 5-3A、D、I,图 5-4C、E、F、H)。野外页岩样品中观测到了较多的微裂隙,其常发育在有机质与无机矿物之间(图 5-5D、F),以及长石等骨架矿物之中(图 5-5B、D、F,图 5-6E、I~K)。微裂缝多具有较好的延伸性,颗粒内部裂缝一般比较平直,而颗粒间的裂缝受有机质或者矿物颗粒的影响发生锯齿状弯曲,或由多条短小裂隙呈断续分布,未见胶结物充填,缝隙宽度多在 10~70nm 之间,长度多在 2μm 以上,视域范围可达到 10μm。

值得注意的是,在样品的处理过程中,页岩样品的脱水作用,以及机械切样和抛光都可能会产生人工裂缝。通常情况下,在扫描电子显微镜识别到纳米级的视野内,如果有微裂缝呈现直线形态而非弯曲状,就很有可能是非天然裂缝。另外,野外样品经受了较强的风化作用,通常会导致溶蚀孔隙和微裂缝异常发育,类似现象也多见于已有多种类型的页岩孔隙研究当中。

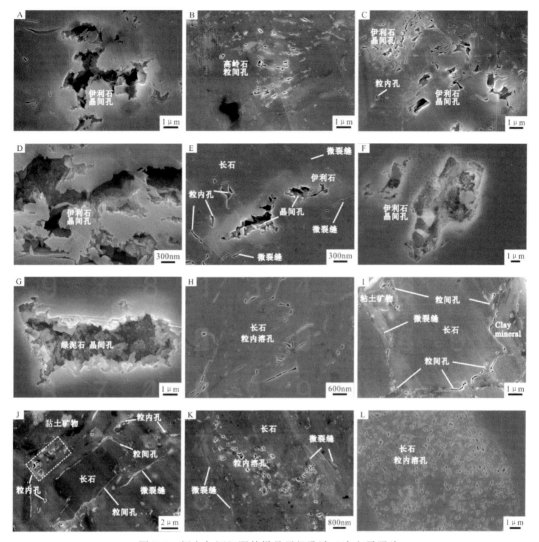

图 5-6 额木尔河组野外样品无机孔隙二次电子照片

A. MH155,伊利石晶间孔;B. MH155,高岭石晶间孔;C. MH155,伊利石晶间孔、粒内孔;D. MH158,伊利石晶间孔;E. MH161,伊利石晶间孔、长石粒内溶孔、微裂缝;F. MH166,伊利石晶间孔;G. MH167,绿泥石晶间孔;H. MH152,长石粒内溶孔;I. MH155,长石与黏土矿物之间的粒间孔、微裂缝;J. MH158,长石与黏土矿物之间的粒间孔、黏土矿物粒内孔、微裂缝;K. MH166,长石粒内溶孔、微裂缝;L. MH167,长石粒内溶孔

第三节 储层孔径分布特征

利用气体吸附法(包括液态氮气和二氧化碳吸附)和页岩高压压汞法对孔隙孔径、比表面等进行定量测试。根据前人研究成果和国家相关标准,选择氮气吸附测试表征页岩中的介孔(孔径 2~50nm)和部分宏孔(孔径 50~200nm),选择二氧化碳吸附测试标准微孔(孔径小于 2nm),参考页岩高压压汞测试分析宏孔的孔径分布(孔径大于 200nm)。

低温氮气吸附测试在中国地质大学(武汉)构造与油气资源教育部重点实验室完成。依据《岩石比表面和孔径分布测定 静态氮吸附容量法》SY/T 6154—1995 石油与天然气行业标准,采用美国麦克默瑞提克(Micromeritics)公司生产的 ASAP 2020 全自动比表面及孔径分析仪进行分析。仪器比表面积理论测量范围为 $0.0005m^2/g$ 以上,无上限,孔径理论测量范围为 $0.35\sim500nm$。待样品处理符合要求后,依次进行样品管脱气(在脱气装置系统真空度达到 1.33Pa 以下连续脱气 2h)、样品脱气(样品进入样品管加热至 $100\sim300℃$ 抽真空脱气,在真空度达到 1.33Pa 以下连续脱气 4h)和吸附测试。

二氧化碳吸附测试在北京市理化分析测试中心完成,依据《压汞法和气体吸附法测定固体材料孔径分布和孔隙度 第 3 部分:气体吸附法分析微孔》GB/T 21650.3—2011 国家标准,采用美国康塔(Quantachrome)公司的 Autosorb-IQ-MP 全自动微孔分析仪进行分析。

高压压汞测试在东北石油大学黑龙江省非常规油气成藏与开发重点实验室完成(大庆市),参考《岩石毛管压力曲线的测定》(SY/T 5346—2005)石油与天然气行业标准和《压汞法和气体吸附法测定固体材料孔径分布和孔隙度 第 1 部分:压汞法》(GB/T 21650.1—2008)国家标准,采用美国康塔(Quantachrome)公司生产的 PoreMaster-60 全自动高压压汞仪进行测试。该压汞仪理论压力控制范围为真空至 60 000psi(1psi=6.895kPa),理论孔径测试范围为 $3nm\sim1080\mu m$,分析结果可得到总孔隙体积、孔隙体积分布、孔隙比表面及分布等参数,适合粉末状、片状、小颗粒和压模型的样品。

一、氮气吸附-解吸曲线

目前,利用气体吸附法产生的吸附回线形状来分析孔隙形态特征的研究中,主要存在两种吸附回线形状分类方法和与之对应的两套孔隙模型图。第一种是德波尔的吸附环五类划分法(图 5-7C),这种划分方法给出了 5 类具体的孔隙形态模型(Ambrose et al.,2010)。第二种是国际纯粹和应用化学协会(IUPAC)推荐的四类划分法(图 5-8),H1 为吸附和解吸等温线,都与 Y 轴平行,H4 的形状与 H1 相反,即吸附线和解吸线都与 X 轴平行。H1 和 H4 为两种极端类型,H2 和 H3 落在这两个极端类型之间。大致是 H1 指大小及排列有序的孔,H4 意味着样品有较多的微孔(魏祥峰等,2013)。实际情况下,页岩中的孔隙很复杂,吸附回线可能更接近于某一类,但同时兼有其他类的特征。

如图 5-7A、B 所示,HWZK01 井和 XAZK01 井额木尔河组泥页岩各样品的吸附曲线在形态上虽有所差别,但整体呈反 S 型,曲线与 II 型吸附等温线接近(Singh et al.,2009;Ambrose et al.,2010)。氮气吸附均在相对压力处于 $0.45\sim1.0$ 范围内出现吸附回线,吸附回线与 De Boer 提出的 B 类回线较为接近但不完全相同(De Boer,1958)。其中,来自 HWZK01 井的样品滞回环接近于 IUPAC 滞回环分类中的 H4 型,兼有 H3 型特征(图 5-7A、图 5-8),主要表现为吸附曲线在相对压力处在 $0\sim0.9$ 时缓慢上升或几乎不上升、相对压力处在 $0.9\sim1.0$ 时快速上升,说明 HWZK01 井的样品中含有较多一端封闭的、孔径小的孔,少量开放型的、孔径较大的孔和一定量的狭缝状孔。来自 XAZK01 井的样品滞回环接近于 H3 型,略微兼有 H4 型特征(图 5-7B、图 5-8),与 HWZK01 井样品不同的是,其吸附曲线在相对压力位于 0.8 附近时就开始快速上升,且脱附曲线在相对压力为 0.5 附近时出现快速下降的拐点,说明页岩样品中含有较多开放型的、孔径较大的孔,一定量的墨水瓶状和狭缝状孔,以及少量的一端封闭的、孔径小的孔。

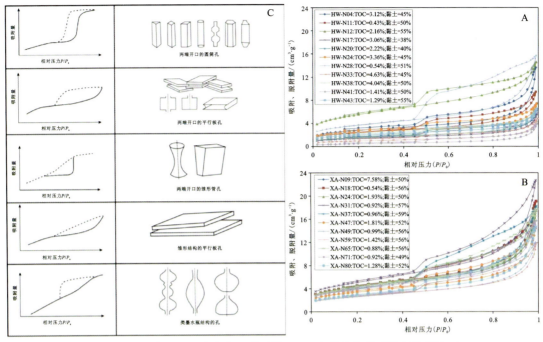

图 5-7 额木尔河组页岩氮气吸附回线(A、B)和德波尔的吸附环模型图(C)

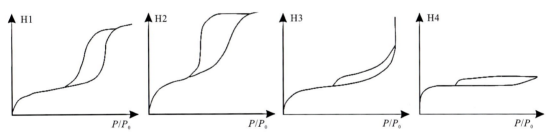

图 5-8 国际纯粹与应用化学联合会的吸附曲线滞回环分类(Ambrose et al.,2010)

二、气体吸附法孔径分布

氮气吸附法采用 BJH 理论模型计算介孔和宏孔的孔径分布与比表面,二氧化碳吸附采用 DFT 理论模型计算微孔的孔径分布与比表面(Barrett et al.,1951)。孔径分布曲线和孔隙比表面分布曲线表明(图 5-9、图 5-10),额木尔河组泥页岩中纳米级孔径分布特征为分散性孔径类型,且整体上 XAZK01 井页岩样品孔径分布比较一致。由氮气吸附得到的介孔和宏孔孔径分布和孔隙比表面分布中存在 2~3nm、8~10nm、30~50nm 和 100~200nm 这 4 个峰值段。其中孔径为 20nm 以上的孔隙提供了绝大部分的孔隙体积(图 5-9A、B),孔径小于 10nm 的孔隙提供了绝大部分的孔隙比表面积(图 5-10A、B)。XAZK01 井页岩样品中介孔和宏孔的体积明显高于 HWZK01 井;孔隙比表面也有相同的特征。

由二氧化碳吸附得到的微孔孔径分布和比表面分布中存在 0.3~0.4nm、0.4~0.6nm 和 0.8~1.0nm 这 3 个峰值段。其中 HWZK01 井中孔径小于 0.6nm 的孔隙提供了绝大部分微孔的孔隙体积和比表面积(图 5-9C、图 5-10C),XAZK01 井中则是孔径 0.4~0.6nm 的孔隙提供了绝大部分微孔的孔隙体积和比表面积(图5-9D、图5-10D)。

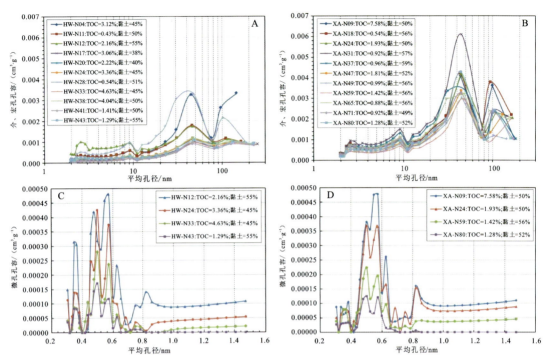

图5-9 额木尔河组页岩氮气、CO_2吸附法孔容分布图

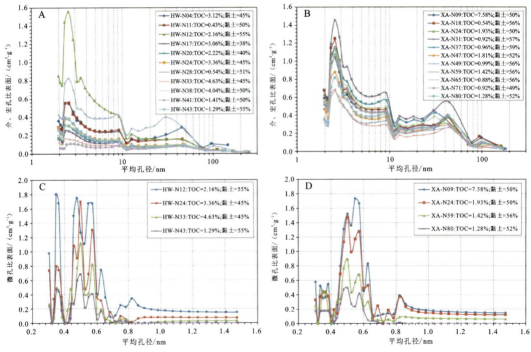

图5-10 额木尔河组页岩氮气、CO_2吸附法孔隙比表面分布图

表 5-2 和表 5-3 统计了氮气和二氧化碳吸附方法所得孔隙体积和比表面的绝对数值和所占比例。HWZK01 井泥页岩样品总孔隙体积在 0.008 6~0.024 9cm³/g 之间(平均为 0.013 9cm³/g),总比表面在 8.28~30.99m²/g 之间(平均为 15.82m²/g);XAZK01 井泥页岩样品总孔隙体积在 0.019 5~0.030 3cm³/g 之间(平均为 0.025 5cm³/g),总比表面在 12.52~26.19m²/g 之间(平均为 19.22m²/g)。对比可知,XAZK01 井样品孔隙体积和比表面整体上高于 HWZK01 井。

HWZK01 井页岩孔隙体积中介孔所占比例最多(39.45%~59.83%),宏孔次之(19.13%~40.84%),微孔比例虽最少,但仍占 11.16%~24.51%;XAZK01 井则以介孔和宏孔为主,分别占 51.4%~58.76% 和 33.07%~37.53%,微孔只有 3.7%~15.53%(表 5-2)。两口井泥页岩样品的总孔隙比表面中微孔和介孔占到绝大部分,而宏孔提供了不到 5% 的比表面(表 5-3)。对比可知,HWZK01 井样品中微孔的体积和比表面所占比例要高于 XAZK01 井样品,这与氮气吸附回线形状反映出的孔隙结构特征是一致的。

表 5-2 额木尔河组页岩氮气、CO_2 吸附法孔隙体积分布

样品编号	孔隙体积/(cm³·g⁻¹)				孔隙体积比例/%		
	微孔 <2nm	介孔 2~50nm	宏孔 50~200nm	总孔隙体积	微孔	介孔	宏孔
HW-N12	0.005 2	0.014 9	0.004 8	0.024 9	21.05	59.83	19.13
HW-N24	0.003 0	0.005 5	0.003 8	0.012 4	24.51	44.47	31.02
HW-N33	0.001 7	0.003 4	0.003 5	0.008 6	19.70	39.45	40.84
HW-N43	0.001 1	0.004 9	0.003 7	0.009 6	11.16	50.75	38.10
XA-N09	0.004 7	0.015 6	0.010 0	0.030 3	15.53	51.40	33.07
XA-N24	0.003 9	0.015 5	0.009 9	0.029 1	13.32	52.53	34.15
XA-N59	0.002 1	0.010 4	0.007 1	0.019 5	10.75	53.10	36.15
XA-N80	0.000 9	0.013 6	0.008 7	0.023 2	3.70	58.76	37.53

表 5-3 额木尔河组页岩氮气、CO_2 吸附法比表面分布

样品编号	孔隙比表面/(m²·g⁻¹)				孔隙比表面比例/%		
	微孔 <2nm	介孔 2~50nm	宏孔 50~200nm	总孔隙比表面	微孔	介孔	宏孔
HW-N12	18.51	12.23	0.26	30.99	59.71	39.46	0.83
HW-N24	11.37	3.70	0.19	15.26	74.51	24.26	1.23
HW-N33	6.62	1.97	0.16	8.75	75.61	22.51	1.88
HW-N43	4.61	3.50	0.17	8.28	55.72	42.28	2.00
XA-N09	15.62	9.95	0.61	26.19	59.64	38.02	2.34
XA-N24	12.92	10.25	0.58	23.75	54.42	43.14	2.44
XA-N59	7.39	6.65	0.39	14.43	51.21	46.08	2.71
XA-N80	3.63	8.34	0.55	12.52	28.97	66.62	4.41

三、高压压汞法孔隙结构分析

目前,高压压汞测试已经被应用到泥页岩孔隙结构的研究当中。谢晓永等(2006)认为高压压汞法受泥页岩孔径分布不均一性影响相对较小,能弥补氮气吸附法在大孔分析方面的不足。杨峰等(2013)综合利用高压压汞法和氮气吸附法对重庆秀山下寒武统牛蹄塘组页岩孔隙结构进行了研究,发现牛蹄塘组页岩高压压汞毛细管压力曲线退汞效率很低,平均不到30%。曹涛涛等(2015)在应用高压压汞技术研究煤、油页岩和页岩微观孔隙差异时,也发现龙马溪组页岩和大隆组页岩退汞效率较煤和油页岩要低很多,且大隆组页岩退汞效率最低。

由于页岩样品表面粗糙,在进汞压力很小时(小于0.1MPa),其表面对非润湿性的汞具有较强的吸附作用(毛皮效应),故该阶段的压汞曲线并不能真实地反应致密页岩的孔喉特征,为此,以进汞压力大于0.1MPa的压汞曲线来分析页岩的孔喉特征更为合理。研究区泥页岩压汞毛细管压力曲线图如图5-11和图5-12所示。进汞曲线可分为两段:①进汞压力在0.1~10MPa之间,进汞量很小、进汞曲线几乎垂直于水平线;②进汞压力大于10MPa之后,进汞曲线开始变成水平线或朝着平行于水平线方向变动,进汞量开始加大。第二阶段进汞曲线越接近水平,且水平段越长,表明页岩孔隙分选相对越好、孔隙结构也相对较好。所有样品的退汞效率都偏低,HWZK01井样品退汞效率处在0.31%~35.79%之间,XAZK01井样品的退汞效率为13.90%~44.15%。退汞效率大于30%的样品,表现出在毛细管压力降到0.1MPa的过程中退汞较为明显(图5-11A、B,图5-12A、B、D),指示该类样品具有相对好的孔隙结构和连通性;退汞效率小于15%甚至不发生退汞的样品,说明该类样品表现出很差的孔隙结构和连通性,甚至可能不连通(图5-11C、D,图5-12C)。相对来看,XAZK01井页岩样品的孔喉结构要略好于HWZK01井。

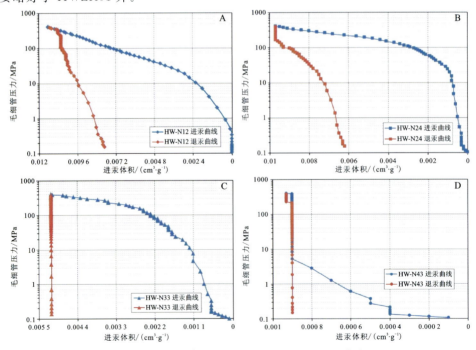

图5-11 HWZK01井页岩高压压汞毛细管压力曲线图

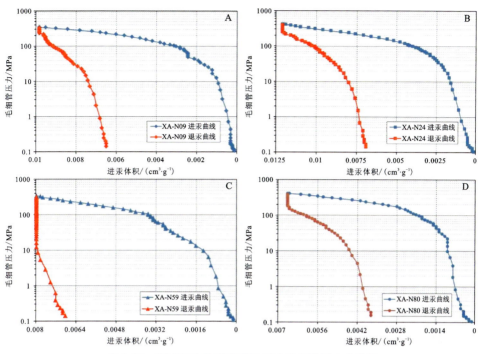

图 5-12　XAZK01 井页岩高压压汞毛细管压力曲线图

高压压汞法测得的额木尔河组泥页岩孔径分布图(图 5-13、图 5-14)显示出：两口井页岩样品中孔径为 100nm 以下的孔隙提供了绝大部分的孔隙体积，XAZK01 井页岩孔喉分布相对更为均匀。从统计结果看，HWZK01 井页岩压汞法总孔隙体积为 0.000 3～0.011 4cm³/g，XAZK01 井页岩压汞法总孔隙体积相对较大，分布在 0.006 3～0.011 3cm³/g 之间，这些特征与气体吸附法测试的结果相一致。

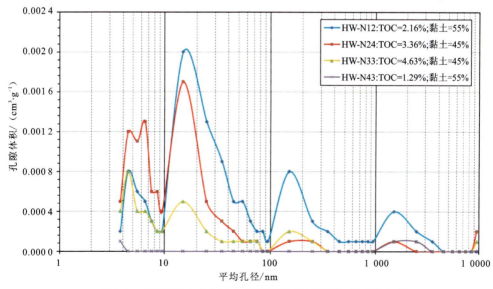

图 5-13　HWZK01 井额木尔河组页岩高压压汞法孔径分布图

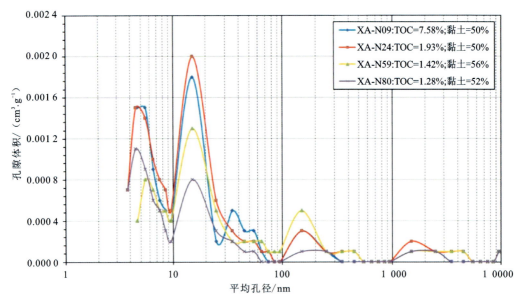

图 5-14　XAZK01 井额木尔河组页岩高压压汞法孔径分布图

第四节　储层物性特征

泥页岩孔隙度是表征其储存空间和确定其游离气含量的关键参数,渗透率则是评价页岩气流动能力和设计水平井分段压裂的重要指标。综合渗透率、孔隙度和密度(真密度和块体密度)测试,同时对比上述高压压汞测试结果,研究额木尔河组陆相泥页岩的物性特征。

相关测试在中国石油化工股份有限公司华东分公司勘探开发研究院完成。页岩孔、渗测试依据《岩芯分析方法》(SY/T 5336—2006)石油与天然气行业标准中关于页岩孔、渗测试的相关规定,采用美国岩芯(CoreLab)公司生产的 Poro PDP-200 覆压孔隙度渗透率测试仪进行测试。渗透率测试采用氦气作为工作介质,围压 1500psi,孔隙压力 1000psi,测试范围为 0.00001~10mD。孔隙度测试采用氦气作为工作介质来测定岩芯的孔隙体积从而得到岩芯的孔隙度,又称氦气孔隙度,压力范围为 0~200psi,精度为全量程的±0.1%,测试范围为0.01%~40%。

孔、渗测试样品前处理和测试原理为:钻取直径约为 2.5cm、长度为 2.5~4cm 的岩芯小柱。渗透率测量采用非稳态法(压力脉冲衰减法),首先给岩芯施加一个孔隙压力,然后通过岩芯传递一个压差脉冲,随着压力瞬间传递通过岩芯,计算机软件记录岩芯两端的压力差、下游压力和时间,并绘制出压差和平均压力与时间的对数曲线,通过对压力和时间数据的线性回归计算渗透率,它使用很小的压差、减少非达西流态的影响;孔隙度测量通过氦气膨胀原理,利用高精度压力传感器,采用波依尔定律进行计算。

页岩真密度和块体密度测试依据《煤和岩石物理力学性质测定方法 第 2 部分:煤和岩石真密度测定方法》(GB/T 23561.2—2009)和《煤和岩石物理力学性质测定方法 第 3 部分:煤

和岩石块体密度测定方法》(GB/T 23561.3—2009),采用 MDMDY-350 全自动密度仪进行测试。

密度测试样品前处理和测试原理为:样品用研钵碎样至粒径约 380μm,然后低温烘干。真密度测试以氦气为测试介质(1.3 个标准大气压),通过颗粒状样品所引起的样品室气体容积的减少来测定样品的真实体积,并根据测得的样品体积计算样品真密度。块体密度的测量采用密封法,用石蜡液蜡封干燥的样品,通过测定其在水和空气两种不同介质中的质量及蜡封前样品质量,计算样品的体积,进而得到样品的块体密度。得到页岩样品的真密度和块体密度后,运用物体质量、体积和密度关系的基本物理推导,利用真密度和块体密度通过下式计算得到岩芯的总孔隙度:

$$\phi_{总}=\frac{\nu_{总}-\nu_{骨架}}{\nu_{总}}=\frac{(m/\rho_{块}-m/\rho_{真})}{m/\rho_{块}}=\frac{\rho_{真}-\rho_{块}}{\rho_{真}}=1-\frac{\rho_{块}}{\rho_{真}}$$

式中,$\phi_{总}$——页岩样品总孔隙度;

$\nu_{总}$、$\nu_{骨架}$——页岩样品总体积和骨架体积;

$\rho_{真}$、$\rho_{块}$——页岩样品的真密度和块体密度;

m——页岩样品质量。

覆压孔渗法测试结果显示(表 5-4),额木尔河组页岩氦气孔隙度在 0.17%~6.95%之间、渗透率在(0.51~50.38)×10^{-3}mD 之间,总体上表现为低孔隙度和极低渗透率。XAZK01 井样品氦气孔隙度在 3.91%~6.35%之间(平均为 4.84%),渗透率在(0.75~50.38)×10^{-3}mD 之间(平均为 16.3×10^{-3}mD);而 HWZK01 井样品有效孔隙度绝大部分小于 2%,平均只有 1.12%,渗透率均小于 1.2×10^{-3}mD、平均只有 0.9×10^{-3}mD。覆压孔渗测试结果的频率直方图(图 5-15)显示,XAZK01 井样品孔隙度和渗透率均比 HWZK01 井要大。由页岩真密度和块体密度计算得到的总孔隙度也显示,XAZK01 井样品平均总孔隙度为 5.85%,高于 HWZK01 井的 3.18%。可见 XAZK01 井泥页岩储集物性优于 HWZK01 井。

表 5-4 额木尔河组页岩密度、孔隙度和渗透率测试结果统计表

样品编号	岩性	块体密度/(g·cm^{-3})	真密度/(g·cm^{-3})	总孔隙度/%	氦气孔隙度/%	覆压渗透率/(×10^{-3}mD)	备注
HW-N04	灰黑色粉砂质泥岩	2.49	2.64	5.68	6.95	1.16	
HW-N17	黑色泥岩	2.63	2.7	2.59	0.85	1.08	
HW-N20	黑色泥岩	2.68	2.71	1.11	0.74	0.78	
HW-N24	黑色泥岩	2.64	2.67	1.12	1.11	0.52	
HW-N28	黑色泥岩	3.04	3.19	4.70	3.10	1.19	有裂缝
HW-N33	深黑色钙质泥岩	2.5	2.7	7.41	0.17	1.20	
HW-N38	深黑色碳质泥岩	2.62	2.69	2.60	0.89	1.05	有裂缝
HW-N41	黑色泥岩	2.67	2.73	2.20	0.69	0.84	
HW-N43	黑色泥岩	2.74	2.77	1.08	0.38	0.51	

续表 5-4

样品编号	岩性	块体密度/$(g \cdot cm^{-3})$	真密度/$(g \cdot cm^{-3})$	总孔隙度/%	氦气孔隙度/%	覆压渗透率/$(\times 10^{-3} mD)$	备注
XA-N04	灰黑色粉砂质泥岩	2.61	2.75	5.09	5.37	1.55	
XA-N12	灰黑色粉砂质泥岩	2.57	2.72	5.52	5.69	50.38	有裂缝
XA-N37	灰黑色粉砂质泥岩	2.55	2.69	5.20	4.54	0.81	有裂缝
XA-N40	灰黑色粉砂质泥岩	2.69	2.75	2.18	3.30	0.68	
XA-N42	灰黑色粉砂质泥岩	2.63	2.77	5.05	6.35	12.31	有裂缝
XA-N49	黑色泥岩	2.64	2.79	5.38	5.35	28.31	有裂缝
XA-N62	黑色碳质泥岩	2.53	2.67	5.24	2.41	8.56	有裂缝
XA-N65	灰黑色泥岩	2.61	2.77	5.78	5.91	9.76	有裂缝
XA-N71	灰黑色粉砂质泥岩	2.63	2.75	4.36	6.27	2.57	有裂缝
XA-N76	灰黑色粉砂质泥岩	2.65	2.79	5.02	3.91	1.07	有裂缝
XA-N80	灰黑色粉砂质泥岩	2.65	2.77	4.33	4.69	0.75	

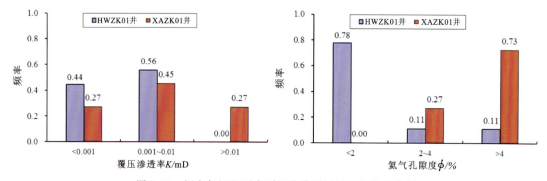

图 5-15 额木尔河组页岩覆压孔渗测试结果统计直方图

从表 5-4 可知,额木尔河组绝大部分泥页岩总孔隙度均比氦气孔隙度大,且两者之间并不具有很好的相关性(图 5-16),可能与样品中存在一部分不连通的孔隙有关。由于密度测试时将泥页岩样品粉碎成粒径约为 $380\mu m$ 的颗粒,这一过程将使原来一部分不连通、封闭的微米级孔隙连通。场发射扫描电镜观测能看到较多的微-纳米级不连通孔隙,以及高压压汞毛细管压力曲线显示了很低的退汞效率,这些与氦气孔隙度和覆压渗透率之间较差的相关性(图 5-17)所反映出来的特征是相符的,都指示着额木尔河组泥页岩的孔喉结构较差。

除此之外,从岩性和微裂缝发育程度来看(表 5-4),岩性和微裂缝发育对额木尔河组页岩孔隙度和渗透率有一定的控制作用。如:岩性依次从粉砂质泥岩、泥岩到碳质/钙质泥岩,平均有效孔隙度从 5.229% 降至 2.266%,再到 1.155%,大致呈倍数递减;而平均渗透率也呈递减趋势。微裂缝发育的页岩样品具有更高的孔隙度和渗透率。由此可见,粉砂质泥岩和微裂缝在一定程度上可以提高泥岩的孔隙度。可能是粉砂质泥岩中的刚性颗粒含量相对较高,抗压实能力较强,对泥岩孔隙起到了一定的保护作用;而微裂缝的发育,则促使某些原来不连通的孔隙发生部分连通。

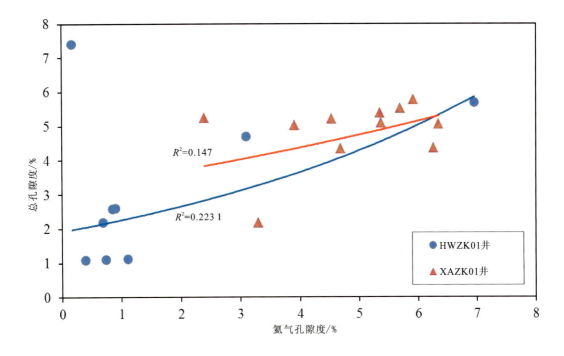

图 5-16　额木尔河组页岩氦气孔隙度与总孔隙度关系图

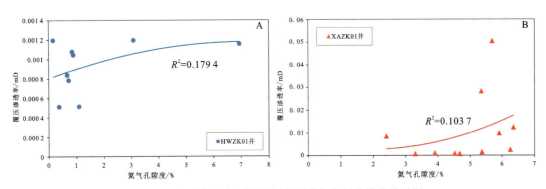

图 5-17　额木尔河组页岩覆压渗透率与氦气孔隙度关系图

第五节　裂缝发育特征

纵观页岩气勘探开发进展,页岩气的保存条件和适应于山区、丘陵等地形的水平井压裂技术是当前的研究重点和难点(邹才能等,2010;王延光和杜启振,2006;龙鹏宇等,2011)。而页岩断裂、裂缝的发育特征,对保存条件和后期开发压裂均具有很大影响,因此对页岩断裂和裂缝特征、规模与成因的研究就显得极为重要。页岩储层裂缝的发育对页岩气富集和开发具有双重作用,开启的天然裂缝能够为页岩气提供运移通道和聚集空间,且有利于页岩总含气量的增加和后期压裂;但若天然裂缝规模过大也可能导致天然气的散失。

目前,对于页岩裂缝的研究,总体处在定性研究阶段,主要集中在裂缝分类和裂缝识别两个方面。页岩裂缝分类方法众多,其中根据成因分类最为普遍适用,总结前人的分类方法(龙鹏宇等,2011;丁文龙等,2011),可将裂缝区分为构造裂缝、非构造裂缝两大类。其中构造裂缝大类中的亚类区分与砂岩中的构造裂缝分类相似,主要为张性和剪切性质两种。对于非构造裂缝这一大类,由于页岩也是烃源岩的特点,前人总体上将其细分为层间页理缝、成岩收缩缝和有机质演化异常压力缝。泥页岩裂缝发育的地质环境的特殊性,造成其裂缝定量识别极为困难,目前主要有地质法及岩石学法、测井识别和地震识别3类。其中,地质法及岩石学法是指利用页岩野外露头、钻井岩芯和岩石样品薄片识别其中的裂缝;后两种识别方法目前总体上处在探索或大规模应用初始阶段(安丰全,1998;王延光和杜启振,2006)。

一、露头断裂发育特征

根据前人在漠河盆地进行的重力、磁法、大地电磁测深、二维地震和地面地质调查结果来看,盆地的断裂构造非常发育。通过大量的地质调查发现,漠河盆地内正断层和逆断层均比较发育,而且,逆断层发生正反转的现象十分明显(图5-18)。在盆地西北线路断裂可观察到典型的大型逆冲推覆断层及其伴生褶皱构造(图1-7),断层面发育层位主要为侏罗系。漠河盆地东部和南部正断层和逆断层均较为发育,在二十二站北山剖面可见典型的阶梯式正断层(断阶)和逆断层(图1-8)。从断层发育特征推断,漠河盆地至少经历了早期拉张、断陷和晚期挤压反转等多个构造演化阶段。

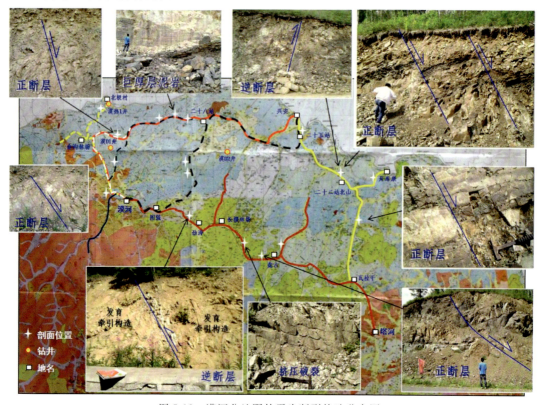

图5-18 漠河盆地野外露头断裂构造分布图

从所处的大地构造位置来看,漠河盆地位于西伯利亚板块南缘和额尔古纳地块北部之间的蒙古-额霍次克造山带,具有前陆盆地的特征(张兴洲等,2012,2015)。复杂的地质发展演化历史,使得漠河盆地经历多期构造运动,形成了多期次的断裂,多期次的断裂使得断裂的方向各异。将野外观测到的断层信息绘制断层走向玫瑰花图,其走向主要分为近东西向、北东向、北西向和近南北向4组断裂(图5-19)。

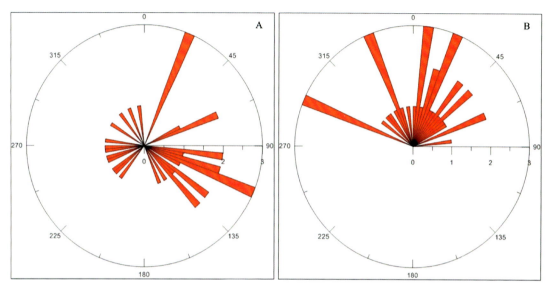

图5-19 漠河盆地野外露头断层倾向、走向玫瑰花图
A.断层倾向玫瑰花图;B.断层走向玫瑰花图

二、岩芯裂缝发育特征

目前,对页岩岩芯裂缝和页岩薄片微裂缝的研究,大多是先划分出页岩裂缝的类型,再加以分类别描述和分析(久凯等,2012;许小强等,2013;杨迪等,2013;赵艳,2014;袁雷雷,2014)。尹克敏等(2002)在研究沾化凹陷泥质岩储层的裂缝特征时,将泥质岩裂缝划分为构造缝、层间页理缝、成岩收缩缝和有机质演化异常压力缝。宁方兴(2008)在研究东营凹陷泥岩裂缝时,对尹克敏的分类标准进行了细化,将泥岩裂缝分为构造裂缝、成岩裂缝、异常超压裂缝、垂向差异载荷裂缝和变质收缩裂缝等类型。丁文龙等(2011)在综述国内外泥页岩裂缝研究进展时,将泥页岩裂缝划分为两大类:构造裂缝和非构造裂缝。其中,构造裂缝包括剪切裂缝、张剪性裂缝、滑脱裂缝、垂向载荷裂缝或差异载荷裂缝;非构造裂缝包含成岩收缩缝、成岩压溶线、超压裂缝、溶蚀裂缝和风化裂缝。龙鹏宇等(2011)在研究泥页岩裂缝发育对页岩气勘探和开发的影响时,将泥页岩裂缝划分为构造缝、层间页理缝、层面滑脱缝、成岩收缩微裂缝和有机质演化异常压力缝。综合前人划分标准,为全面覆盖页岩裂缝类型,可将泥页岩裂缝划分为构造裂缝和非构造裂缝两大类(任克雄,2016)。构造裂缝细分为张性裂缝、剪切裂缝、垂向载荷裂缝、层间裂缝和层面滑脱缝;非构造裂缝进一步分为层间页理缝、成岩收缩缝、溶蚀裂缝、有机质演化异常压力缝、热变质收缩裂缝和风化裂缝(表5-5)。

表 5-5　泥页岩裂缝成因分类

类型	亚类	发育特点	主控地质成因
构造裂缝	张性裂缝	裂缝产状变化大,破裂面不平整,多数被完全或部分充填	局部或区域构造应力作用,泥页岩发生脆性或韧性破裂形成的裂缝,经常与断层或褶皱相伴生
	剪切裂缝	倾角范围变化大,裂缝面光滑并有擦痕,有轻微错动现象,组系较强,开度小或闭合,延伸较远	
	垂向载荷裂缝	裂缝近似垂向,常发育在离开最大载荷地区侧方的垂向载荷较小地区	垂向载荷超出泥页岩抗压强度或上覆地层不均匀载荷导致泥页岩破裂形成的裂缝
	层间裂缝	岩性交界处,具有一定的张性性质,大多呈水平状态,开度变化较大	在不同岩性交界处的软弱带中,由负荷减小引起的应力释放形成的裂缝
	层面滑脱缝	与岩层面近似平行、低角度,主要分布在页岩层的顶底部,在裂缝面上常见有明显的擦痕和镜面	伸展或挤压构造作用下,沿着泥页岩层的层面顺层剪切应力产生的裂缝
非构造裂缝	层间页理缝	页岩的页理面上多含砂质,张开度一般较小,多数被完全充填,一般与高角度张性缝连通	一般在强水动力条件下,为沉积作用所形成,由一系列薄层页岩组成,页岩间页理为力学性质薄弱的界面,具剥离线理的平行层理纹层面间的裂缝
	成岩收缩缝	扫描电镜下常见,一般连通性较好,开度变化较大,部分充填	成岩早期或成岩过程中泥页岩脱水收缩、黏土矿物的相变等作用形成的裂缝
	溶蚀裂缝	裂缝面不规则,不成组系	泥页岩差异溶蚀作用形成的裂缝
	有机质演化异常压力缝	裂缝面不规则,不成组系,多充填沥青或有机质	泥页岩层内异常高的流体压力作用形成的微裂缝
	热变质收缩裂缝	裂缝面不规则,不成组系	泥页岩受侵入岩浆烘烤变质,受热岩石冷却收缩破裂产生裂缝
	风化裂缝	开度较大,一般未被充填	泥页岩长期遭受风化剥蚀作用、岩石机械破裂而形成的裂缝

注:据宁方兴等(2008)、丁文龙等(2011)和龙鹏宇等(2011)修改。

构造因素是岩石破裂的外因,构造裂缝是泥页岩经一次或多次构造应力破坏而形成的,是裂缝中最主要的类型,可出现在泥页岩层的任何部位(丁文龙等,2011)。额木尔河组泥页岩岩芯尺度,可识别出张性裂缝、剪切裂缝和层间裂缝等 3 种构造裂缝。

(1)张性裂缝:是在张应力作用下产生的构造裂缝。在岩芯上观察到的宏观张性裂缝缝宽和长度变化较大、裂缝面不平整,主要为泥页岩在区域张应力作用下发生脆性破裂形成。

未被矿物充填的裂缝对顺层裂缝起到良好的连通作用,被矿物半充填或完全充填的裂缝连通性则较差(图 5-20B—F、图 5-21)。

(2)剪切裂缝:是在剪切应力作用下产生的构造裂缝。通常倾角范围变化大,裂缝面光滑并有擦痕,有轻微错动现象,组系较强,开度小,延伸较远,裂缝闭合。产状变化较大,有近垂直层面的菱形共轭剪节理,也有高角度的剪切裂缝,较平直,破裂面光滑,局部有充填物(图 5-20A、B、D,图 5-21C)。

(3)层间裂缝:与沉积层面或细层间存在的片状碎屑物或剥离线有关,在不同岩性交界处的软弱带中形成的裂缝,简称层间缝。由负荷减小引起的应力释放所造成,具有一定的张性性质,对改善储层有一定的贡献,大多呈水平状态(图 5-20B、C、E)。

通过对各类裂缝数量、裂缝倾角、长度和开度的统计发现,XAZK01 井页岩较 HWZK01 井相比发育了更多的裂缝,裂缝发育密度更大。在裂缝类型和裂缝长度的分布方面,两口井页岩裂缝均以张性裂缝为主,裂缝长度都以小于 6.5cm 为主,其中 HWZK01 井页岩张性裂缝比重为 86.22%、剪切裂缝占 9.69%、长度小于 6.5cm 的占 77.04%;XAZK01 井张性裂缝占 99.38%、长度小于 6.5cm 的占 97.03%(图 5-22A、B)。在裂缝倾角和开度方面,XAZK01 井以发育低角度、开度小的裂缝为主,HWZK01 井岩芯裂缝的倾角和开度分布较为均匀,且均大于 XAZK01 井(图 5-22C、D)。

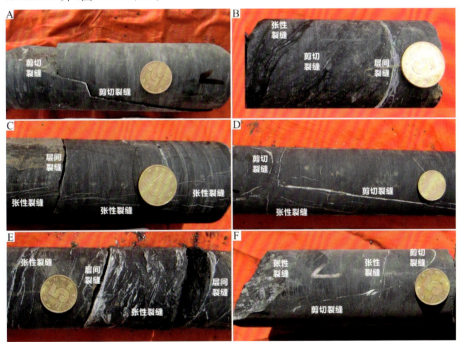

图 5-20　HWZK01 井额木尔河组页岩岩芯裂缝典型照片

A.147.23m,黑色泥岩,可见剪切裂缝(充填少量钙质);B.150.2m,深黑色碳质泥岩,发育剪切裂缝(部分充填钙质)、层间裂缝(充填钙质);C.191.10m,黑色碳质泥岩,发育高角度张性裂缝(充填方解石)、层间裂缝(部分充填方解石);D.194.35m,黑色泥岩,发育高角度剪切裂缝、张性裂缝,充填方解石;E.199.9m,黑色泥岩,发育层间裂缝、低角度张性裂缝,充填方解石;F.234.35m,黑色泥岩,发育高角度剪切裂缝、部分充填方解石,近似水平的张性裂缝、充填方解石

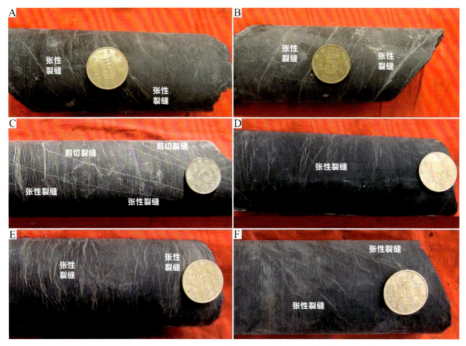

图 5-21　XAZK01 井额木尔河组页岩岩芯裂缝典型照片

A.89.35m,黑色泥岩,发育中低角度张性微裂缝,充填方解石;B.94.2m,灰黑色粉砂质泥岩,发育低角度的张性裂缝,充填方解石;C.113.65m,灰黑色粉砂质泥岩,发育细小高角度剪切裂缝、近似水平的张性微裂缝,充填方解石;D.144.2m,灰黑色粉砂质泥岩,可见近似水平的张性裂缝,充填方解石;E.161.3m,灰黑色粉砂质泥岩,普遍发育低角度近似水平的张性裂缝,充填方解石;F.281.58m,灰黑色粉砂质泥岩,发育高角度张性裂缝,充填方解石

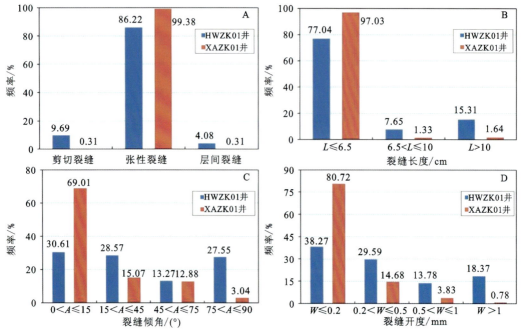

图 5-22　额木尔河组页岩岩芯裂缝统计直方图

三、微裂缝特征

通过对普通薄片和扫描电镜观察,发现额木尔河组页岩发育的微裂缝主要为构造成因的张性微裂缝、剪切微裂缝,此外还可见较多的层间页理缝和成岩收缩裂缝这两种非构造裂缝。

(1)张性微裂缝:分布最为广泛,形态不规则,多呈弯曲状、撕裂状,局部充填,可分为脆性破裂成因和韧性破裂成因(龙鹏宇等,2011;丁文龙等,2011)。前者是由脆性矿物含量较高的泥页岩在张应力作用下发生脆性破裂形成(图5-23A~C);后者则主要发育在黏土矿物和有机质等韧性成分含量高的泥页岩当中(图5-23G~I,图5-24)。

(2)剪切微裂缝:主要分布在HWZK01井样品中,主要特征为断面平直、与层理面高角度相交,且有错动现象,多充填有碳酸盐矿物(图5-23D~F)。

(3)层间页理缝:主要为具剥离线理的平行层理纹层面间的孔缝,开度一般较小,多数被完全充填(图5-23A~C)。页理为力学性质薄弱的界面,极易剥离,这种界面即为层间页理缝,因此在页理发育的泥页岩中极为常见。

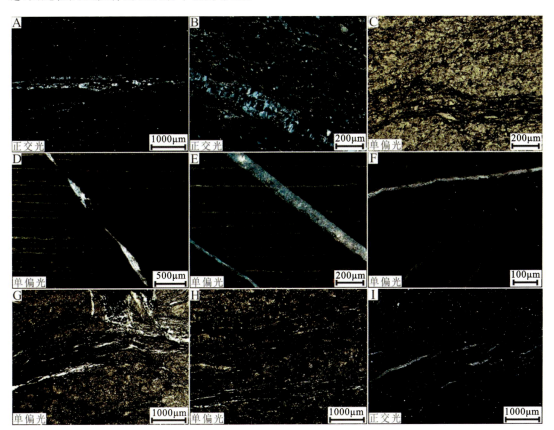

图5-23 HWZK01井额木尔河组页岩普通薄片裂缝典型照片

A、B. HW-N17(143.61m):灰黑色泥质硅页岩,发育平行于层面的张性微裂缝,硅质和方解石充填;C. HW-N24(148.87m):深灰色泥质硅页岩,发育一组平行于层面的张性微裂缝,硅质和铁质充填;D、E、F. HW-N28(189.48m):深灰色硅质泥页岩,高角度、宽度约为100μm的剪切微裂缝,碳酸盐矿物充填;G、H. HW-N38(197.32m):黑色泥质硅页岩,成组张性微裂缝,硅质和方解石充填;I. HW-N43(234.63m):灰色泥质硅页岩,发育一组张性微裂缝,硅质和方解石充填

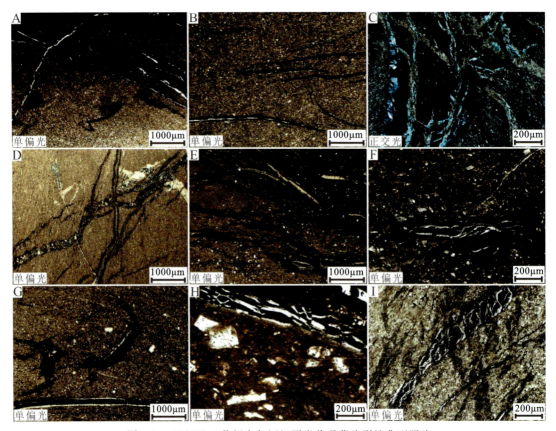

图5-24 XAZK01井额木尔河组页岩普通薄片裂缝典型照片

A. XA-N09(47.88m):灰色硅质泥页岩,发育一组张性微裂缝,硅质和碳酸盐矿物部分充填;B. XA-N12(50.43m):深灰色硅质泥页岩,发育一组张性微裂缝,硅质和碳酸盐矿物充填;C. XA-N18(64.84m):灰色含铁白云硅质泥页岩,多条张性微裂缝,硅质和铁白云石充填;D. XA-N29(94.08m):灰色硅质泥页岩,发育张性微裂缝,硅质、铁白云石和方解石充填;E. XA-N37(136.55m):深灰色泥质硅质页岩,有机质内部和边缘发育张性微裂缝,铁白云石部分或完全充填;F. XA-N42(144.68m):深灰色硅质泥页岩,有机质边缘发育张性微裂缝,铁白云石部分充填;G. XA-N47(144.68m):深灰色硅质泥质页岩,发育多条张性微裂缝,为硅质、有机质和白云石充填;H. XA-N62(237.02m):灰色含粉砂含硅质页岩,有机质边缘发育张性微裂缝,硅质和白云石部分充填;I. XA-N65(259.44m):灰色泥质硅页岩,可见多条张性微裂缝,硅质和白云石部分充填

（4）成岩收缩裂缝,指成岩过程中由于岩石收缩体积减小而形成的与层面近于平行的裂缝,形成这些裂缝的主要原因是干缩作用、脱水作用、矿物相变作用或热力收缩作用,与构造作用无关。研究区可见脱水收缩缝和矿物相变缝,整体连通性较好、开度变化较大、部分被充填(图5-3～图5-6)。

基于普通薄片观察与统计可知,XAZK01井裂缝发育密度较大。两口井在微裂缝长度和裂缝开度的分布方面较为接近(图5-25A、B),均表现出:长度为5mm以下、开度在60μm以下的微裂缝占全部识别裂缝的绝大部分。然而,在微裂缝形态上,HWZK01井页岩薄片中的微裂缝大多为裂缝面平直、延展性好;XAZK01井页岩微裂缝则大多呈现弯曲、撕裂等不规则形态,延展性差、裂缝开度不均匀。在微裂缝填充物方面(图5-25C、D),HWZK01井页岩微裂缝充填物包括方解石、硅质和铁质 3 类，以方解石和硅质混合填充为主（占 85.71%）；而 XAZK01 井页岩微裂缝填充物类型则为 4 类，分别是硅质填充（占 5.78%）、白云石填充（占 25.63%）、方解石和硅质混合填充（占 22.02%）、白云石和硅质混合填充（占 46.57%）。相较之下，XAZK01 井页岩可能经历了更为复杂的构造活动，发生了更多期次的流体活动，这与在岩芯上观察到的裂缝发育情况是大体一致的。

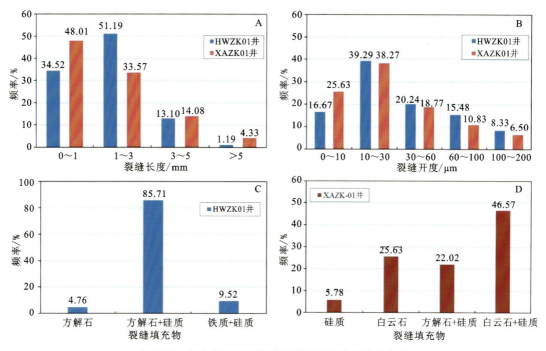

图 5-25　额木尔组页岩普通薄片微裂缝统计直方图

第六节　孔隙结构影响因素及储集性能分析

影响泥页岩储层孔隙结构的因素很多：首先，有机质含量、有机质类型和矿物组成是页岩储层孔隙发育的物质基础；其次，埋藏过程中的有机质热演化-生烃作用和无机矿物的成岩作用是控制页岩储层主要孔隙类型和富集程度的关键因素；最后，抬升过程中的构造保存条件是决定页岩储层孔隙有效性的重要保障（何志亮等，2016；赵文智等，2016；翟刚毅等，2017；郭旭升等，2017）。

一、有机质孔隙

我国南方下古生界高演化富有机质海相页岩研究表明，有机质孔隙是其最主要的孔隙类型，有机碳含量、生物成因硅和有机质热演化程度是其重要的控制因素（崔景伟等，2012；王玉满等，2012；杨锐等，2015；邹才能等，2010；郭旭升等，2014；侯宇光等，2014）。然而，有机质孔隙在额木尔组泥页岩中较为罕见，仅在个别样品中以孤立簇状分布，孔径小、连通性差。如

图 5-26 和图 5-27 所示,额木尔河组泥页岩气体吸附法测得的微孔、介孔孔容和比表面与有机碳含量的关系不明显,由高压压汞法测得介孔、宏孔孔容与有机碳含量也几乎没有相关性,可见有机质与额木尔河组泥页岩微观孔隙的发育不存在直接联系。这与我国塔里木盆地侏罗系陆相泥页岩和鄂尔多斯盆地三叠系湖相泥页岩类似(耳闯等,2013;高小跃等,2013)。

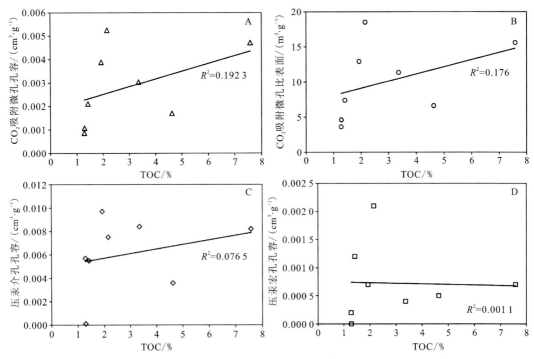

图 5-26 额木尔河组页岩 CO_2 吸附和压汞法孔隙体积、比表面与 TOC 关系

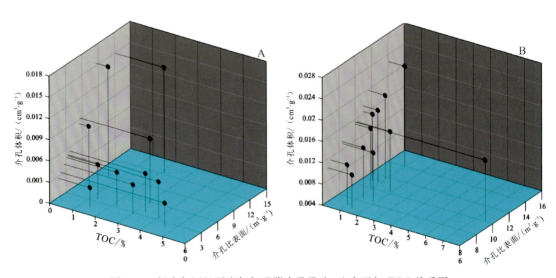

图 5-27 额木尔河组页岩氮气吸附介孔孔容、比表面与 TOC 关系图
A. HWZK01 井;B. XAZK01 井

有机质孔隙形成存在两种可能机制:原生孔隙在有机质中的保存和次生孔隙的形成(Jarvie et al.,2007;Fishman et al.,2012)。Fishman 等(2012)提出原始有机组分转化为甲烷可能会导致早期甲烷生成过程中形成一些有机质孔隙,此外,页岩沉积前有机质显微组分中已经形成的孔隙可能是一种有机质孔隙类型。与海相天然气页岩相似,研究区页岩中石英等非黏土矿物的含量一般大于55%,由于页岩中丰富的石英所形成的坚硬的内部骨架,尽管有明显的压实作用,可能仍有一些原生有机质孔隙得以保存(Volpi et al.,2003;Fishman et al.,2012)。然而,高热成熟海相页岩孔隙结构的研究,例如密西西比州 Barnett 页岩(Loucks et al.,2009,2012)、泥盆系 Horn River 页岩(Curtis et al.,2012;Dong and Harris,2013)、志留系龙马溪页岩(Chen et al.,2011;Tian et al.,2013;侯宇光等,2014)和白垩系 Eagle Ford 页岩(Loucks et al.,2012)都得出结论:热成熟度高的页岩由于干酪根和沥青裂解而体积减小,可以产生更多的有机孔隙。与热成烃形成的次生有机孔隙相比,这些残余原生有机孔隙的数量越来越少,孔径越来越小。

额木尔河组陆相泥页岩的有机质以陆源高等植物为主要母质来源,形成了偏腐殖型的有机质类型。一般来说,I/II 型的有机孔隙发育程度大于 III 型(Chalmers and Bustin,2008;Yang et al.,2013)。与含氢较少的陆相显微组分生成甲烷相比,含氢较多的海相/湖相显微组分生成的石油更有利于在剩余的富碳残渣中形成更多、更大的孔隙(Jarvie et al.,2007)。此外,众多学者研究认为,在高—过成熟的干酪根中可发育大量纳米孔隙,而未成熟或者低成熟页岩中的干酪根基本不发育或者发育较少的纳米孔隙(Ross and Bustin,2009;邹才能等,2011;Chalmers et al.,2012;Milliken et al.,2012;郭旭升等,2014;Hou et al.,2015)。我国一些学者对陆相泥页岩通过高温热模拟实验和扫描电镜观察,也证实了有机质孔隙在 R_o 大于 1.2% 时才开始大规模出现(薛莲花等,2015;吴松涛等,2015)。党伟等(2015)在研究陆相页岩含气性主控地质因素时提出,成熟度差异从根本上决定了陆相和海相页岩有机质对页岩储层特征的影响。额木尔河组泥页岩的有机质成熟度(R_o)普遍低于 1.2%,处在中等成熟阶段,尚未进入大规模热裂解生气阶段,故有机孔隙发育有限。

因此,陆源有机质组合和相对较低的热成熟度是造成额木尔河组湖相页岩有机质孔隙发育不良的主要因素(Hou et al.,2015)。

二、无机孔隙

页岩中无机矿物主要有脆性矿物(石英、长石等)、黏土矿物和碳酸盐岩矿物等 3 类,关于这 3 类矿物对页岩储层特征的影响,目前主要的认识有:①石英、长石等脆性矿物颗粒具有一定的刚性特征,使其能够保留一部分因压实作用而减少的原生粒间孔隙,而且长石在后期成岩流体的作用下可能发生溶蚀,从而产生溶蚀孔隙(Radlinski et al.,2004;Bustin et al.,2008;Loucks et al.,2012;崔景伟等,2012);②黏土矿物特别是伊利石和伊蒙混层,本身就具有较为丰富的微小孔隙,而且黏土矿物在成岩后期发生脱水和其本身具有一定的塑性,使得黏土矿物和刚性矿物颗粒边缘产生收缩裂缝(吉利明等,2012,2014;李颖莉和蔡进功,2014);③碳酸盐岩矿物通常会充填页岩中原有的孔缝,如方解石、白云石,但同时它也较容易发生溶蚀,如方解石和菱铁矿。

与有机质孔隙相比，无机孔隙在额木尔河组泥页岩孔隙结构中起主导作用。其中，黏土矿物之间的粒间孔隙和长石颗粒内部的粒内溶孔更是广泛分布，它们在相关矿物含量较高的样品中发育较好，也与不同剖面的成熟度有关。这些孔隙类型的大小、形状和连通性可能与地层的原始沉积环境和埋藏过程中的成岩蚀变历史有关(Loucks et al.,2009,2012;Fishman et al.,2012;Milliken et al.,2012)。

研究表明，黏土丰度和类型的变化可能反映了沉积环境、物源，或高岭石和蒙脱石向伊利石转化在不同阶段的变化(Chalmers and Bustin,2008)。原生孔隙可以保存在黏土晶片之间(Fishman et al.,2012;Chalmers et al.,2012;Loucks et al.,2012)，与黏土晶片的填充程度、类型以及黏土晶体的大小有关。埋藏成岩过程中，黏土矿物类型、大小和形态的演变对黏土矿物相关孔隙在页岩孔隙结构当中的角色有着重要的影响(Ross and Bustin,2009)。在研究区北部热演化程度较高的泥页岩中，发育了许多小尺寸的、窄的和细长的黏土矿物晶间孔；而对于南部热演化程度较低的泥页岩，则在伊利石或绿泥石颗粒内部发育了较大的多边形和不规则孔隙(Hou et al.,2015)。将气体吸附法和压汞法测试得到的孔隙体积与各类矿物的绝对含量作回归分析，发现HWZK01井页岩样品微孔孔容与伊利石含量呈正相关，与伊蒙混层含量呈负相关(图5-28A)；XAZK01井样品微孔孔容与伊利石和伊蒙混层含量之和呈正相关，与绿泥石和高岭石含量之和呈负相关(图5-28B)，表明HWZK01井泥页岩中的伊利石晶体可能发育了一定量的微孔，XAZK01井泥页岩中的微孔可能主要来自伊利石和伊蒙混层的共同贡献。HWZK01井样品介孔孔容与伊蒙混层含量呈明显的负相关关系(图5-28C)；而XAZK01井样品介孔孔容与伊蒙混层含量呈弱正相关关系(图5-28D)，这也表明伊利石和伊蒙混层对泥页岩储层中的介孔具有一定的贡献(任克雄等，2016)。

许多早期形成的粒间孔隙和粒内孔隙可能被机械压实或胶结物填充破坏，使其在丰度和尺寸上减少(Curtis,2012;Loucks et al.,2012)。因此，作为一种化学成岩过程，碎屑长石溶解是额木尔河组泥页岩粒内孔隙发育的重要机制。在干酪根热分解作用下，页岩中可产生大量的有机酸等腐蚀性液体，化学不稳定矿物将遭受溶蚀。额木尔河组页岩中长石普遍存在溶蚀现象，长石溶蚀孔很发育，部分溶蚀孔孔径甚至达到微米级，且因溶蚀而几乎相互连通。泥页岩的氮气吸附介孔孔容与长石含量也呈现出较好负相关关系(图5-28C、D)，这可能说明随着长石发生溶蚀形成更多溶蚀孔隙，其含量也在不断下降，或许与"溶蚀掉的成分"阻塞孔隙有关。基于不同成熟度样品的原始碎屑长石含量相似的假设，Fishman等(2012)提出长石在Kimmeridge黏土泥岩中的溶解度随着热成熟度的增加而增加。基于类似推理，研究区北部高成熟度样品中的大部分长石可能已经溶解，从而可以产生比南部低熟样品更多的粒内孔隙，这个推论也似乎得到了研究区不同成熟度泥页岩中长石含量差异的支持。然而，由于不同沉积环境输入的碎屑长石的原始含量是不确定的，这一机制看似合理，但具有推测性。

三、微裂缝

如前所述，漠河盆地形成后期发生了大规模的逆冲推覆活动，形成了额木尔河逆冲推覆带，受其影响漠河盆地中西部地区遭受了强烈的动力变质和挤压作用。研究发现，位于逆冲推覆带根带区域的MR1井泥页岩发生了较强的韧性变形和初糜棱岩化，矿物定向排列明显，

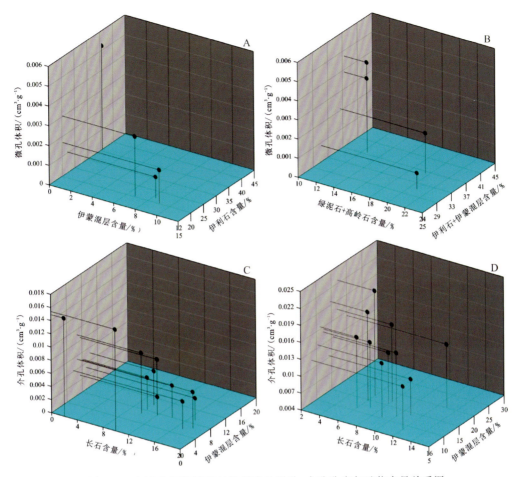

图 5-28 额木尔河组页岩气体吸附法微孔、介孔孔容与矿物含量关系图
A、C. HWZK01 井；B、D. XAZK01 井

泥页岩内部组构发生了显著变化；其氮气比表面分布在 0.38~4.55m²/g 之间，平均仅为 1.46m²/g。位于中带的 HWZK01 井泥页岩，虽未受到变质作用的影响，但强烈的构造挤压应力作用导致泥页岩储层进一步致密化，其孔隙度和渗透率均明显低于前缘带的 XAZK01 井。

如图 5-29 所示，额木尔河组泥页岩的退汞效率与石英含量呈现较好的正相关关系，退汞效率、CO_2 吸附法测得的微孔体积和高压压汞法测得的总孔隙体积与页岩样品所处深度呈负相关关系。可能暗示着额木尔河组泥页岩孔隙和孔喉结构在一定程度上受到了构造压实作用的影响，如：逆冲推覆构造的侧向挤压作用使得孔径减小、孔喉结构变差；也可能是在经历挤压、拉张和抬升剥蚀后，处在浅地表（100~200m 以内）的泥页岩受上覆岩层卸载导致部分早期压实的孔隙回弹。刚性石英颗粒对孔隙可能具有一定的支撑保护作用，通过对前述泥页岩孔隙度进行岩性归类统计发现，从碳质/钙质泥岩到暗色泥岩、粉砂质泥岩，平均有效孔隙度从 1.16% 增至 2.27%，再到 5.23%，大致成倍数递增。

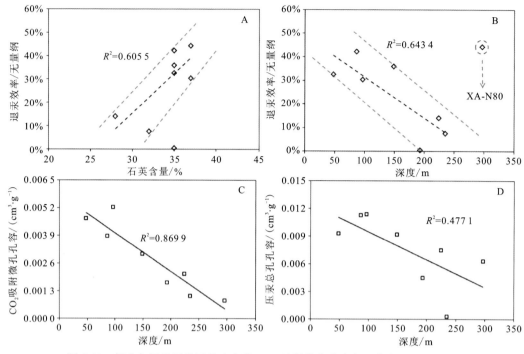

图 5-29　额木尔河组页岩压汞法参数、CO_2 吸附微孔孔容与石英含量、深度关系

重要的是,滨浅湖环境中脆性矿物(碎屑石英和长石)的富集和多次强烈的构造运动,导致了额木尔河组页岩微裂缝的发育。受逆冲推覆构造作用较强的中西部地区,多发育紧密的韧性形变微裂缝和被碳酸盐矿物充填的脆性微裂缝(如 HWZK01 井);而位于逆冲推覆构造影响较小的前缘带和前陆带,发育了大量的、开放的或局部充填的、具有良好延展性的微裂缝(如 XAZK01 井)。这些自然诱发的微裂缝不仅可以提高陆相页岩的孔隙度,而且可以连接长石溶孔和黏土矿物的粒间孔,构成复杂的连通孔-缝系统,为泥页岩储层提供重要的渗透途径。通过对比发现,发育微裂缝的泥页岩样品,其孔隙度约是无裂缝样品的 2 倍,而渗透率则增长了 10 余倍。由此可见,微裂缝孔隙度(不包括人工裂缝)可以被视为提高额木尔河组陆棚相泥页岩的孔隙度和渗透率的一种重要机制。

四、气体储集潜力

如前所述,与高成熟海相页岩相比,有机质孔隙在额木尔河组陆相泥页岩储层中分布有限,不能为吸附气提供足够的吸附点位,更无法为游离气提供充足的存储空间,有机质对研究区泥页岩储集能力没有显著影响(Lu et al.,1995;Ross and Bustin,2007,2008,2009;Chalmers and Bustin,2008;侯宇光等,2014)。

理论上,黏土矿物具有显著的表面积,可以将甲烷吸附到其内表面(Valzone et al.,2002;Venaruzzo,2002)。相关研究可追溯到美国泥盆系页岩气储层(Lu et al.,1995),加拿大不列颠哥伦比亚省东北部的泥盆系-密西西比系和白垩系页岩(Chalmers and Bustin,2008;Ross and Bustin,2009),以及中国中扬子地区的侏罗系页岩等(侯宇光等,2014)。Chalmers 和

Bustin(2008)提出,伊利石比高岭石或绿泥石对孔隙结构和比表面积的贡献更大。Schettler 和 Parmoly(1990)研究认为,阿巴拉契亚盆地内页岩层中的天然气吸附主要与伊利石有关,干酪根吸附仅具有次要意义。因此,广泛发育的黏土矿物孔隙,尤其是伊利石晶间孔可能对额木尔河组泥页岩的气体吸附能力起着至关重要的作用。尽管 Chalmers 和 Bustin(2008)认为水和甲烷分子可能占据页岩内不同的吸附点位,然而大量的实验证明,黏土矿物的亲水性会降低它们的吸附能力(Krooss et al.,2002;Hildenbrand,2006;Ross and Bustin,2007,2009)。因此,在评价额木尔河组泥页岩储层的吸附气潜力时,必须考虑水分对伊利石气体吸附能力的影响。

类似于 Fishman 等(2012)对 Kimmeridge 黏土泥岩的研究,以介孔和大孔为主的无机孔隙构成了额木尔河组泥页岩储层的主要孔隙网络,影响其总孔隙体积。其孔隙结构特征与我国绝大多数陆相富有机质页岩相似(朱日房等,2012;耳闯等,2013;党伟等,2015)。也有研究表明,即使在有机质孔隙发育良好的北美泥盆系-密西西比系页岩和我国南方高演化海相页岩中,无机孔隙也可能是总孔隙度的重要组成部分,对烃类的存储和运移起到重要作用(Ross and Bustin,2009;Loucks et al.,2012;王道富等,2013;郭旭升等,2014)。游离气在产气页岩总含气量中占有相当大的比例,特别是对页岩气井的初始高产具有重要意义(Ross and Bustin,2008,2009;邹才能等,2010;赵文智等,2016)。在额木尔河组泥页岩中,粒间孔隙和粒内孔隙的尺寸足够大,可以储存烃类;结合微裂缝提供的运移通道,这些无机孔隙将更有利于游离气的流动和储存。

第六章　页岩气资源潜力与有利区带预测

第一节　页岩气富集条件对比分析

页岩气是富有机质页岩层系中自生自储的,生物成因或热成因的,主要为游离态和吸附态富集的天然气(Curtis,2002;Ross and Bustin,2009)。自 2000 至 2007 年,美国发现页岩气藏的盆地由 5 个发展到以沃斯堡、阿科马、路易斯安那等为主的 30 个以上盆地,页岩产层几乎包含了所有的海相页岩。页岩气藏的钻探深度自发现初期的 600~2000m 加深到目前的 2500~4000m,部分盆地的深度实际已达到约 6000m。页岩气是美国勘探开发最早和最成功的天然气类型之一,为美国成功勘探开发的三大类非常规天然气之一。已发现的 5 个商业化生产的页岩气盆地,合计可采储量为 $(8778\sim21\ 521)\times10^8 m^3$(Curtis,2002)。2007 年全美页岩气产量接近 $500\times10^8 m^3$,产量占全美天然气产量的 8%;至 2009 年底,完钻页岩气井 4.2×10^4 口,页岩气产量达到了 $900\times10^8 m^3$,至 2018 年已经突破 $6\ 244\times10^8 m^3$,占天然气总产量的 64.71%;页岩气储量占天然气总储量的 67.92%。

我国页岩气勘探处在初级阶段,美国页岩气勘探的成功经验对我国页岩气勘探具有良好的借鉴意义,两者对比研究能够更好地指导我国页岩气勘探。我国在四川盆地东部涪陵焦石坝地区的志留系龙马溪组海相页岩中已经进入了商业开发阶段。而针对陆相页岩气的勘探,在川东建南和涪陵区块、川东北元坝区块的下侏罗统自流井组,鄂尔多斯盆地三叠系延长组,柴达木盆地侏罗系都取得了一定的勘探进展,展现出一定的资源前景(朱日房等,2012;耳闯等,2013;党委等,2015;吴松涛等,2015;Hou et al.,2020)。研究表明,富有机质页岩发育区就是潜在的页岩气富集区,所以,位于漠河盆地中北部的湖相泥页岩发育区就是潜在的页岩气远景区(王建广,2014;何生等,2015;Hou et al.,2020)。下面将从页岩分布、有机地球化学、无机矿物组成、孔隙结构等方面重点对比漠河盆地中侏罗统二十二站组、额木尔河组与北美典型页岩、我国南方典型产气页岩,讨论其生气和储气能力及资源远景。

一、页岩分布特征

富有机质页岩厚度的大小控制着气藏储量和开采的经济效益,厚度越大越好,一般要求有效页岩厚度大于 30m,现今北美开发的最小页岩厚度为 9.1m。富有机质页岩的埋深,除了对页岩气开采技术和经济成本有重要影响之外,对游离气和吸附气的相对含量也具有一定的影响,在埋深小于1000m以浅的范围内,吸附气含量会随埋深增加而增加,而埋深超过1000m之后,吸附气含量将随埋深增加而减少。

漠河盆地二十二站组和额木尔河组页岩与北美典型含气页岩沉积环境差异较大,中侏罗统二十二站组和额木尔河组为一套残留的陆相滨浅湖-半深湖相暗色富有机质页岩,北美典型含气页岩多是稳定分布的海相深水缺氧环境下形成的暗色富有机质页岩。相比之下,受盆地规模小、沉积相带变化快、后期构造抬升剥蚀作用强等多种因素的叠加影响,漠河盆地暗色泥页岩的平面分布范围较为局限。从埋深和页岩有效厚度上对比(表6-1),北美典型含气页岩埋深在183~4115m之间,美国五大盆地页岩气藏埋深主要为610~2591m,页岩有效厚度为9~91.4m。其中Barnett页岩产气地层埋深1981~2591m,页岩有效厚度为15~61m。我国南方古生界上奥陶统五峰组—下志留统龙马溪组富有机质页岩主要埋藏在1000~5500m之间,有效厚度为80~120m,底部优质页岩38~42m;建南地区,志留系自流井组东岳庙段,页岩厚110m,埋深500~1700m;涪陵大安寨段页岩厚度为80~120m,主要埋深在2000~2700m之间。相比之下,漠河盆地北部额木尔河组现今埋深在0~1500m之间,二十二站组现今埋深在0~3000m之间,盆地中部埋深可能达到4000m以上,埋藏深度适中(图6-1);页岩累计厚度较大,可达500m以上,但连续单层厚度略显不足(图6-2)。据露头和现有钻井的统计来看,额木尔河组页岩单层最大厚度为31.22m,最大泥地比为40.52%;二十二站组页岩单层最大厚度为27.45m,最大泥地比为35.66%。

表6-1 漠河盆地中侏罗统陆相泥页岩与中、美典型页岩气储层特征

研究区	层位	时代	深度/m	总厚度/m	净厚度/m	有机碳含量/%	干酪根类型	R_o/%	石英含量/%	总孔隙度/%
漠河盆地	额木尔河组	J_2	0~1500	350	32~287	0.10~22.83	Ⅲ、Ⅱ	0.6~3.5	26~60	0.4~6.4
	二十二站组		0~4000	300	59~149	0.08~4.74			13~72	—
中上扬子	五峰-龙马溪	O_3—S_1	100~5500	100	50	0.3~25	Ⅰ、Ⅱ	1.8~4.4	39~58	2.0~7.0
建南地区	东岳庙段	J_2	300~1700	200	80	0.18~3.39	Ⅱ	1.1~1.4	36~44	0.1~6.9
Fort Worth	Barnett	C_1	1981~2591	61~90	15~61	2.0~7.0	Ⅱ	1.1~1.4	30~50	5.0~8.0
Appalachian	Ohio	D_3	610~1524	91~305	9~31	0~4.7	Ⅰ	0.4~1.3	40~60	2~4.7
	Marcellus	D	1219~2591	—	15.2~61	3~12	Ⅱ	0.4~1.3	10~60	10

续表 6-1

研究区	层位	时代	深度/m	总厚度/m	净厚度/m	有机碳含量/%	干酪根类型	R_o/%	石英含量/%	总孔隙度/%
Michigan	Antrim	D_3	183~732	49	21.3~37	1~20	Ⅰ	0.4~0.6	20~41	9
San Juan	Lewis	C_1	914~1829	152~597	61~91.4	0.45~2.5	Ⅲ,Ⅱ	1.6~1.9	22~52	3.0~5.5
Illinois	New Albany	C	183~1494	31~122	15.2~30.5	1~25	Ⅱ	0.6~1.3	26~58	10~14
Arkoma	Fayetteville	C	305~2134	—	6.1~61	4.0~9.8	Ⅱ,Ⅲ	1.2~4.0	—	2~8
Anadarko	Woodford	D	1829~3353	—	36.6~67.1	1~14	Ⅰ,Ⅱ	1.1~3.0	30~50	3~9
T-L-M-Salt	Haynesville	J_3	3200~4115		61~91.4	0.5~4.0	Ⅲ,Ⅱ	2.2~3.2		8~9
British Columbia 东北部	Buckinghorse 及等时地层	K_1	314.9~1 722.7	30~270	10~75	0.2~16.99	Ⅰ—Ⅲ	未—过成熟	12~80	0.7~16

注：30~50.范围；北美数据，据 Curtis(2002)等修改。

二、页岩地化特征

富有机质页岩主要沉积于有机质来源充足、沉积速度快、水体相对封闭性好的还原环境，页岩中具有较高的有机碳含量、高有机质丰度和好的干酪根类型，这使得页岩具有较好的成烃物质基础。沉积有机质，包括动物和植物的遗骸，经细菌和热力转化形成油或气。当有机质在埋藏较浅的环境下，被足够多的厌氧微生物食用后，即可产生生物甲烷气。随着埋藏深度和埋藏时间不断增加，压力、温度也不断增加，有机质在热催化作用下转化成干酪根，并在时间、温度和压力进一步增加的条件下产生油、湿气和干气。成熟的富有机质页岩具有更强生烃的能力，并有利于形成优质储层。

北美典型含气页岩层位 TOC 分布范围在 0.2%~25% 之间，主值区为 1%~14%；干酪根类型Ⅰ—Ⅲ，且主要为Ⅰ型和Ⅱ型；R_o 值 0.4%~4.0%，高产页岩气层位的成熟度主要分布在 1.0%~2.0% 之间。我国南方下古生界五峰组—龙马溪组页岩，TOC 值为 0.3%~25%，主体分布在 2%~13% 之间，干酪根类型主要为Ⅰ型，R_o 值为 1.8%~4.4%，高产页岩气层位主要分布在 2.5%~3.5% 之间。建南地区，志留系自流井组东岳庙段，TOC 值为 0.18%~

3.39%,干酪根类型主要为Ⅱ型,R_o值在1.1%~1.4%之间。

研究区额木尔河组 TOC 为 0.10%~22.83%,平均为 2.18%,二十二站组 TOC 为 0.08%~4.74%,平均为 0.91%;干酪根类型以Ⅲ型和Ⅱ型为主;有机质成熟度 R_o 分布在 0.6%~3.5%之间。对比来看,研究区额木尔河组和二十二站组页岩有机碳含量略低于北美典型含气页岩和我国南方五峰组—龙马溪组页岩,有机质类型也相对较差(表 6-1,图 6-2)。然而,整体上与美国 Haynesville 上侏罗统页岩特征相似,其在 TOC 含量和有机质成熟度方面还优于中扬子建南地区的侏罗系自流井组东岳庙段湖相页岩。

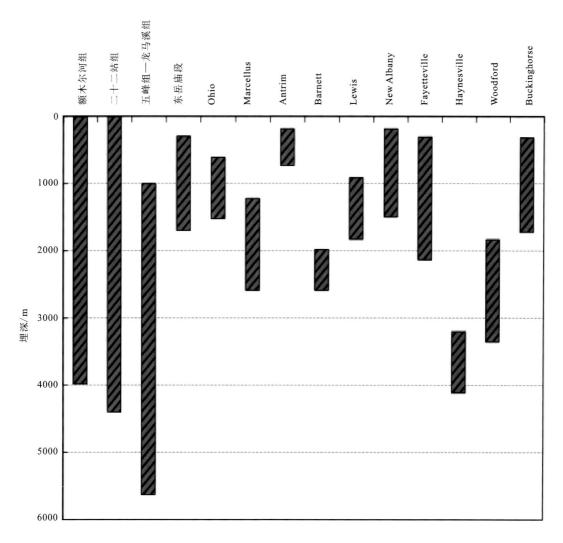

图 6-1 漠河盆地中侏罗统泥页岩与中、美典型页岩埋深对比

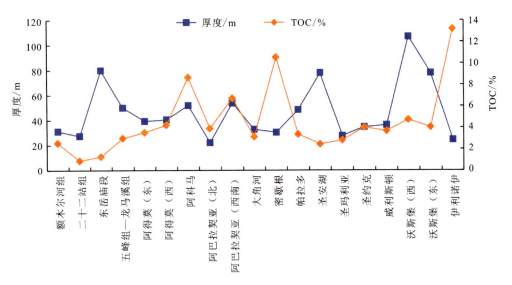

图 6-2 漠河盆地中侏罗统泥页岩与中、美典型页岩有效厚度、有机碳含量对比

三、页岩无机矿物组成特征

页岩是由 50%~95% 粒径小于 0.002mm 的黏土质颗粒组成的沉积岩。一般的页岩主要由黏土质矿物、碎屑矿物、有机物质、自生矿物组成。其中黏土矿物有高岭石、蒙皂石、水云母等，碎屑矿物有石英、长石、云母，自生矿物有铁、铝、锰的氧化物与氢氧化物等。页岩矿物组成，尤其是脆性分析是页岩气储层评价的重要内容，其中脆性矿物含量分析是了解岩石脆性的基础工作。一般认为，石英、长石、碳酸盐岩等矿物含量越高，黏土矿物含量越低，岩石脆性越强，在外力作用下更容易形成天然裂缝和诱导裂缝，有利于天然气渗流。高脆性矿物含量常被认为是页岩气富集高产的重要影响因素之一。

北美含气页岩的主要矿物组成为石英、碳酸盐矿物、黏土矿物。其中石英含量主要分布在 10%~60% 之间，碳酸盐岩占 4%~60%，黏土占 8%~25%。以 Barnett 页岩为例，Barnett 页岩为缺氧和上升流发育的正常盐度下海相深水沉积，产气页岩矿物组成以石英（生物成因）、长石及方解石为主。其中，石英含量为 35%~55%，平均值为 45%，黏土矿物（主要是伊利石，含少量蒙脱石）占 27%，少量的方解石、白云石、长石、黄铁矿和菱铁矿，还有微量天然铜和磷酸盐矿物（图 6-3）。我国南方下古生界五峰组—龙马溪组页岩同样是以石英、碳酸盐和黏土矿物为主，含有少量的长石、方解石和黄铁矿。五峰组—龙马溪组下段页岩所含石英以生物成因为主，而自流井组东岳庙段页岩则含有较高的碳酸盐岩。生物成因石英和碳酸盐岩都可以有效地增强页岩的抗压性和脆性，有利于水力压裂（Dong et al.，2017，2019）。

研究区额木尔组石英矿物含量为 26%~60%，平均值为 48.12%，黏土矿物含量为 18%~59%，平均值为 37.12%；二十二站组石英含量为 13%~72%，平均值为 40.22%，黏土矿物含量为 21%~76%，平均值为 43.86%。将研究区页岩层位无机矿物组成与中、美典型页岩层位对比，可以发现研究区中侏罗统泥页岩的黏土矿物含量相对较高，但如前所述，其脆性矿物含量和脆性指数并不低。关键问题在于，漠河盆地中侏罗统陆相泥页岩中的石英主要为碎屑成因，与海相页岩中生物成因石英对页岩脆性的影响截然不同，碳酸盐岩含量也明显低于其他层系页岩(图 6-3、图 6-4)。这给研究区泥页岩的脆性和可压裂性评价带来一定的难度,同时,它也是所有陆相泥页岩在页岩油气开采过程中要面临的挑战。

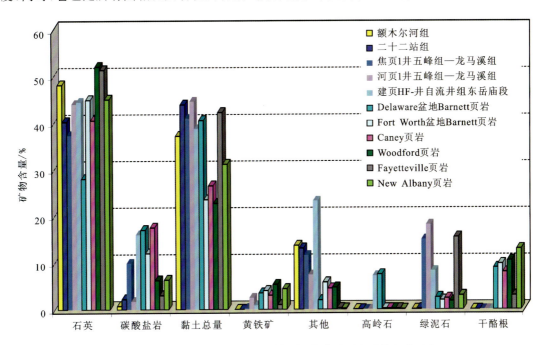

图 6-3 漠河盆地中侏罗统泥页岩与中、美典型页岩矿物组成对比

(美国典型页岩数据据 Core Lab,2006 修改)

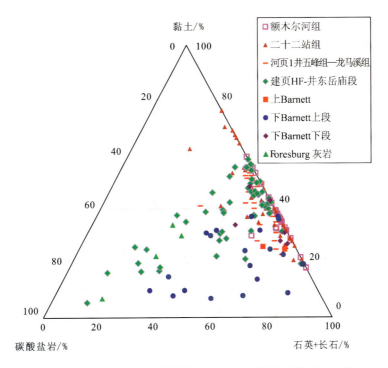

图 6-4 漠河盆地中侏罗统泥页岩与中、美典型页岩矿物组成三角图

(北美页岩据 Loucks et al.,2007)

四、页岩储集物性特征

页岩储层具有两种储集空间类型,基质孔隙和裂缝。天然微裂缝对提高页岩致密储层物性具有重要意义。基质孔隙有残余原生孔隙、有机质生烃形成的微孔隙、黏土矿物伊利石化形成的微裂(孔)隙、不稳定矿物(长石、方解石等)溶蚀形成的孔隙、成岩过程中自生矿物和交代作用等形成的微孔隙(如草莓状黄铁矿、生物化石硅化等)。虽然泥页岩中孔隙类型较多,但都比较细小,主体为纳米级孔隙。

研究表明,高演化海相富有机质页岩以发育有机孔隙为主,还包括颗粒边缘粒间孔隙、草莓状黄铁矿晶间孔隙、黏土矿物晶间孔等无机矿物孔隙。研究区页岩孔隙类型可划分为:有机孔隙、粒间孔隙、粒内孔隙和微裂缝。其中以黏土矿物晶间孔和长石溶孔最为发育,有机孔和骨架矿物粒间残余孔发育甚少。从孔径分布上看(图 6-5),北美和中国南方典型含气页岩既发育纳米孔隙,还发育微米级孔隙,孔径分布特征以 2~50nm 的中孔占优势,中孔提供了主要的孔隙体积;研究区页岩孔隙整体上主要由中孔和大孔构成,而且大孔比重相对较高,平均孔径更是明显大于以有机质孔隙为主的高演化海相页岩。

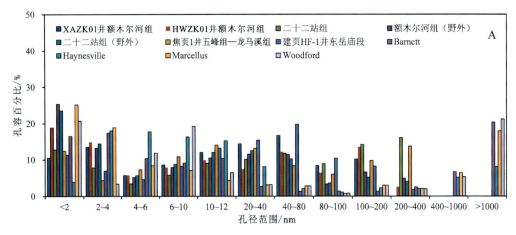

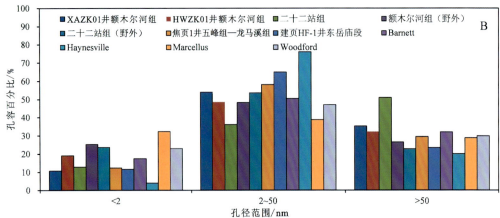

图 6-5 漠河盆地中侏罗统泥页岩与中、美典型页岩孔径分布对比

(A、B 分别为不同统计的孔径范围)

北美典型商业页岩气藏储层孔隙度为 3%～14%、渗透率小于 1mD，为典型的低孔、低渗透储层，储层能力需要大范围内发育的区域性裂缝（包括构造裂缝、微裂缝和层间裂缝）来提高（Curtis，2002）。与常规油气藏储层特征不同，页岩气藏储层既是烃源岩也是储层，甚至是圈闭和盖层，天然气在页岩烃源岩层中生成后，在页岩储层中储集成藏，属"连续型"聚集。四川盆地东部礁石坝地区，已经投入商业开发的上奥陶统五峰组—下志留统龙马溪组富有机质页岩的孔隙度主体分布在 3.0%～8.2%之间，平均为 4.61%（Guo and Zhang，2014；赵文智等，2016；Zou et al.，2019）。鄂尔多斯盆地延长组陆相富有机质页岩的孔隙度范围也在 0.44%～6.99%之间（耳闯等，2013）。位于漠河盆地西北部河湾林场的 HWZK01 井页岩具有典型的高密度和低孔隙度的特征，孔隙度主要分布在 0.4%～1.1%之间，远低于工业含气页岩标准，储气能力极差。位于兴安镇南的 XAZK01 井页岩在微裂缝的改善作用下，有效孔隙度分布在 2.4%～6.4%之间，使其可达到工业标准，这一点与涪陵地区侏罗系自流井组大安寨页岩相似，虽然页岩基质孔隙度绝大多数低于 2%，但是微裂缝可以极大地改善页岩储层的储集性能。

第二节　构造保存条件分析

随着我国页岩气勘探的发展，一系列商业页岩气田已成功开发（郭彤楼等，2016；赵文智等，2016；郭旭升等，2017）。但对页岩气主要控制因素及富集机理的研究仍处于探索阶段（Hao et al.，2013；Zou et al.，2015；Hou et al.，2017；Zhang et al.，2018；Yang and Zou，2019）。与北美相比，中国页岩气资源具有特殊性（Curtis，2002；Hill et al.，2004；Bowker，2007；Chalmers et al.，2012；Zou et al.，2013；Harris et al.，2018），其中一个最重要的区别是，中国的页岩，特别是扬子地区的古生代海相页岩，经历了多期复杂的构造运动（Hao and Zou，2013）。勘探实践证明，页岩沉积后的构造活动对中国页岩气的富集和保存尤为重要（Zou et al.，2015；何志亮等，2016）。以往的研究表明，构造运动的类型、强度和持续时间控制着页岩气逸出的方式和程度及其剩余丰度，抬升剥蚀破坏了区域盖层的完整性和封闭性，导致围压降低，温度场和压力场变化（何志亮等，2016；翟刚毅等，2017；Gao et al.，2019）。早期构造抬升不仅终止了页岩的生烃过程，而且延长了页岩气的保存时间，页岩气在长期保存过程中更容易流失。由于构造变形作用，断裂（微裂缝）发育程度和构造样式直接影响页岩气的保存效率，构造稳定区的正向构造更有利于页岩气的保存。断裂对页岩气的富集具有双重性：大型断裂一般具有多期、长期活动的特点，破坏页岩气储层及其顶底板，导致邻近地区页岩气保存条件较差，影响页岩气保存；页岩内部微裂缝则可以对页岩储层起到改造作用，形成有利于存储天然气的裂缝网络，改善页岩储层的渗透性，但是，页岩微裂缝的重新开启也导致自封闭性的恶化，导致页岩气散失（丁文龙等，2012；Jiu et al.，2013；Guo and Zeng，2015；Prieh et al.，2015）。

由于蒙古鄂霍次克海的封闭，额尔古纳微板块与西伯利亚板块碰撞，在晚侏罗世和早白垩世[（149.3±14.0）Ma～（118.7±11.0）Ma]时期，漠河盆地西部出现了一个大规模的南北向逆冲推覆构造。逆冲推覆构造导致漠河盆地沉积地层强烈变形，必然导致页岩气富集机制和保存条件变得十分复杂，增加了页岩气资源评价和战略选择的难度。

一、逆冲推覆带对生烃能力的影响

逆冲推覆活动导致漠河盆地沉积岩发生了不同类型和强度的变形变质作用。额木尔河逆冲推覆带根带岩石变形变质作用最强,北极村庄地区局部可达高绿片岩相和低角闪岩相(张顺等,2003;苗忠英等,2014)。MR1井泥页岩遭受了强烈的韧性变形,片理化明显,部分地层已明显糜棱岩化(图6-6、图6-7)。逆冲推覆构造活动引起的动力变质作用通常发生在150°~350°和100~1000MPa的温压条件下(路凤香,2002)。研究区泥页岩的镜质体反射率(R_o,%)沿推覆构造逆冲方向呈快速下降趋势(从5.94%下降到0.60%);泥页岩的生烃潜力也由额木尔河逆冲推覆带的前锋带向根带呈快速下降趋势。根带MR1井泥页岩的热成熟度远远超过了有机质生烃的理论上限,应已耗尽其生烃能力。动力变质作用引起的温-压迅速升高促进了碳氢化合物的生成和排出速率,泥页岩中的有机质被大量消耗,从而导致残余TOC含量显著降低。

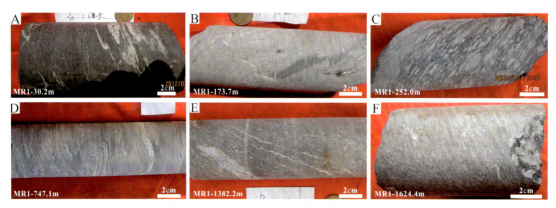

图6-6 漠河盆地额木尔河逆冲推覆带根带岩芯塑性变形特征
A.变质泥岩;B.变质泥质粉砂岩;C、D.变质粉砂质泥岩;E、F.千板岩

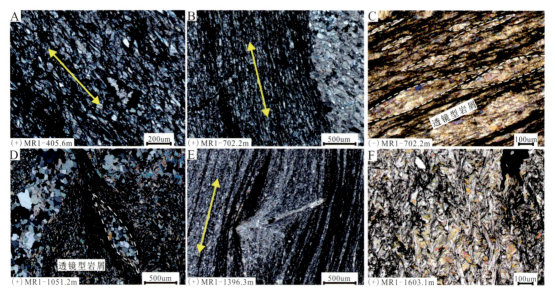

图6-7 漠河盆地额木尔河逆冲推覆带根带页岩微观结构变形特征
A、B.显示优选方向;D、E.显示变余泥质结构和定向结构;C、F.显示鳞片变晶结构

二、逆冲推覆带对储集性能的影响

吸附测试结果显示,MR1井中泥页岩样品的吸附性能明显不同于正常页岩(包括低熟、低 TOC 含量泥页岩),吸附能力大大降低(图 6-8)。孔径分布和氦气孔隙率均表明这些浅变质泥页岩中的微孔和中孔发育非常有限,严重致密化(图 6-9A)。分析其主要原因,可能在于动力变质作用导致泥页岩组构发生变化(如:糜棱岩化、碎裂化),进一步促使泥页岩储层原生孔隙系统发生了彻底的变化(孔隙发生韧性塑变、破裂等)(图 6-9B、图 6-10)。在逆冲推覆构造中带,泥页岩受动力变质作用的影响不大,然而,逆冲推覆构造引起的强压实作用仍然导致泥页岩中孔隙的规模严重减小,致使储层变得致密。虽然 HWZK01 井页岩样品具有较高的 BET 比表面积和孔容,但主要储集空间中微孔(孔径<2nm)和小于 10nm 的中孔占有更大的比例,其氦气孔隙度甚至低于 MR1 井泥页岩(图 6-9A)。对于前锋带页岩,逆冲推覆构造引起的压实强度明显降低。页岩中保留了较大的孔隙,等温曲线形状、中孔体积比例和氦气孔隙度等测试结果都反映了这些孔隙的存在。

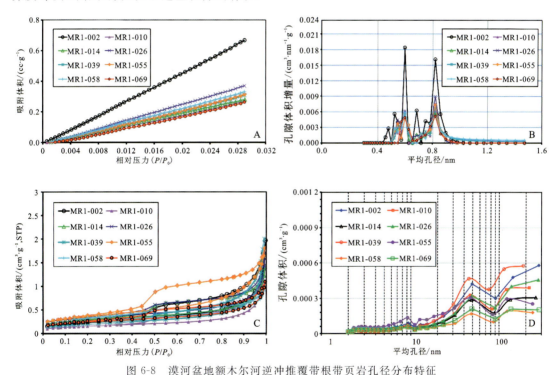

图 6-8 漠河盆地额木尔河逆冲推覆带根带页岩孔径分布特征

A. CO_2 吸附曲线;B. CO_2 吸附微孔孔径分布;C. N_2 吸附曲线;D. N_2 吸附法介孔-宏孔孔径分布

页岩层内的微裂缝是提高页岩气储层孔隙度和渗透率的潜在因素,有利于页岩气的富集、渗流与压裂(Nelson,2001;Gale et al.,2007;Hammes et al.,2011)。根部和中部区域,在挤压环境中形成的韧性和脆性剪切断裂具有紧密闭合(图 6-7)或/和填充石英、方解石矿物的特征(图 5-23)。相比之下,前峰带的泥页岩中普遍发育了张性裂缝,且多为无充填或部分碳酸盐矿物充填(图 5-24)。对比可知,前缘区泥页岩的孔径分布、氦气孔隙度和渗透性明显好于其他两个单元(图6-9A)。由此可见,大范围发育的张裂缝可以明显地改善研究区泥页岩的储集和渗透能力,由无机孔隙和张性裂缝构成的复合孔-缝系统将是漠河盆地中侏罗统陆相泥页岩最为有利的储集空间。

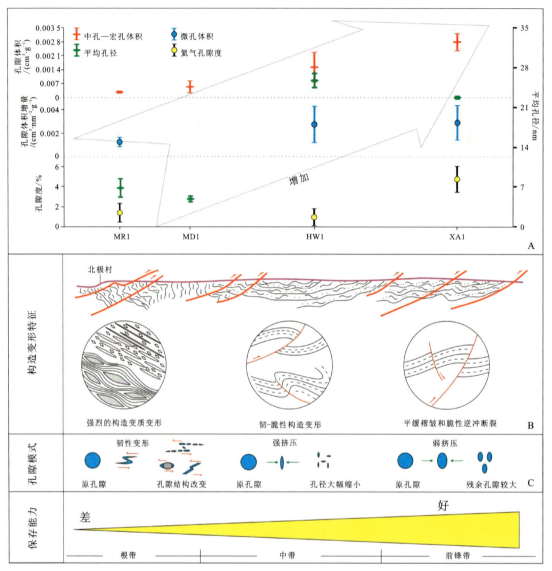

图6-9 额木尔河逆冲推覆带不同构造单元的泥页岩储层性能(A)、构造变形模式(B)及可能的孔隙变形模式(C)

三、逆冲推覆带对页岩气保存能力的影响

影响油气保存条件的构造因素主要有断裂作用、隆起剥蚀、盖层性能、岩浆活动和流体活动等。漠河盆地逆冲推覆活动开始于晚侏罗世,持续到早白垩世。相对泥页岩的沉积埋藏时间,后期的构造活动始时代早、持续时间长,导致研究区泥页岩在经历了相对较短的埋藏和生烃过程后,过早地进入保存期。额木尔河逆冲推覆带发育9条大型逆冲推覆断层,其延伸长

度可达 100km。由于逆掩和变形作用,页岩地层经历了强烈的缩短和抬升剥蚀作用。额木尔河逆冲推覆带整体单元的盖层封闭性不可避免地受到断裂作用和抬升剥蚀作用的影响。

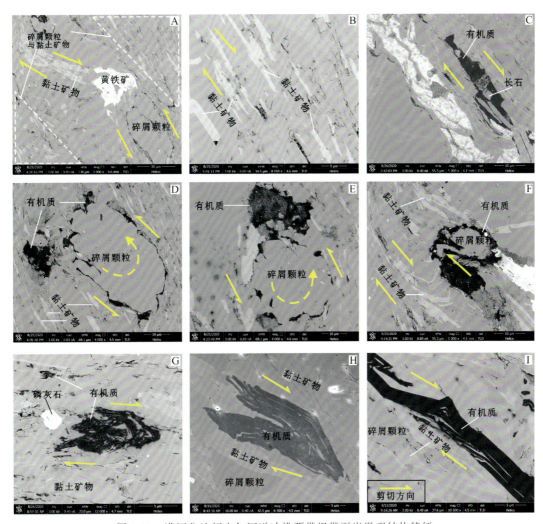

图 6-10 漠河盆地额木尔河逆冲推覆带根带页岩微观结构特征

A、B. 发生剪切变形的矿物分布特征(MR1 458.37m,变质粉砂质泥岩);C. 剪切裂缝中的有机质分布(MR1 30.0m,变质泥岩);D、E. 破裂矿物颗粒周围的有机物分布,边缘和棱角清晰(MR1 458.37m,变质粉砂质泥岩);F. 构造破碎带中的有机质分布(MR1 458.37 m,变质粉砂质泥岩);G. 有机质被剪切和变形,具有三角形孔和狭缝孔(MR1 978.5m,变质粉砂质泥岩);H、I. 遭受剪切和变形的有机质(MR1 1051m,变质粉砂质泥岩)

自封性对页岩气的保存尤为重要(Curtis,2002;Bowker,2007;丁文龙等,2012;何志亮等,2016;翟刚毅等,2017)。根带区域的原始结构已被韧性剪切改变或破坏(图 6-7、图 6-8)。动力变质作用使页岩的吸附能力显著降低,构造作用引起的升温导致根带页岩气解吸加速。因此,根带页岩的自封闭能力必将大大降低。相比之下,强压实可能对中带页岩的保存能力起到重要作用。然而,强烈的压实作用导致总孔隙度降低,随着储集空间的丧失,天然气将从泥页岩储层中"被迫"运移出来。对于逆冲推覆带前锋带区域,逆掩推覆和压缩强度均已大幅减弱(图 6-9B)。然而,在前锋带和东部前陆区还发育着很多大型的逆断层和正断层。研究表明,由于长期、多旋回的构造活动以及大气降水的渗入,区域性大断层普遍会造成天然气易失难聚。我国南方下古生界海相页岩气勘探已证明,靠近区域断裂的页岩气藏一般含气量和产量较低,远离大型断裂的页岩分布区具备较好的保存条件(Guo and Zeng,2015;赵文智等,2016;Zhang et al.,2018)。在进行油气选区时,必须远离这些大型脆性断裂。此外,构造抬升过程中的侧向压力有利于页岩内部微裂缝的发育,虽然微裂缝可以提高页岩气储层的孔隙度和渗透率,但微裂缝的过度发育可能会破坏页岩自身的独立封闭体系,造成页岩气的散失。适当的压缩有利于前锋区浅层泥页岩微裂缝的闭合,从而提高深部泥页岩储层的自封闭能力和孔隙压力。

综上所述,额木尔河逆冲推覆带的前锋带及前陆带具有相对较好的构造保存条件。

第三节 页岩气有利区预测

基于对漠河盆地中侏罗统额木尔河组和二十二站组泥页岩相关方面的深入研究,并与北美和我国典型产气页岩进行对比,本研究从页岩层厚度、有机碳含量、热成熟度、储集特征和构造保存条件等影响页岩气富集的因素分析入手,参考我国页岩气和北美页岩气有利区带评价标准(表6-2),对漠河盆地陆相泥页岩层系的页岩气有利区带进行了初步的分析和预测(王建广,2014;何生等,2015;任克雄,2016)。

表6-2 中国和北美页岩气有利区评价标准(据王社教等,2012,有修改)

评价参数	中国	北美
连续厚度/m	>20	>30
TOC/%	>1.0	>4.0
成熟度(R_o)/%	1.3~3.5	>1.1
脆性矿物/%	>40	>40
黏土矿物/%	<30	<30
埋深	<4500	
孔隙度/%	>2	>2
渗透率/mD	>1	>50
含气量/($m^3 \cdot t^{-1}$)	>2	>2
保存条件	改造程度低	

漠河盆地页岩气有利区:兴安镇西南至龙河林场以北的区域(图6-11)。

首先,中侏罗统二十二站组和额木尔河组泥页岩沉积时期,在该区域发育了广泛分布的滨浅湖-半深湖相暗色泥页岩。从钻井揭示的泥页岩累计厚度、单层厚度和野外出露的泥页岩厚度统计来看,二十二站组和额木尔河组暗色泥页岩的单层最大厚度范围在25~35m之间,盆地中北部的相对深水沉积区的深处应该存在分布范围更广、单层厚度更大的泥页岩层段。而且,该区域泥页岩有机质丰度较高(2.0%<TOC<4.0%),局部发育高丰度层(TOC>

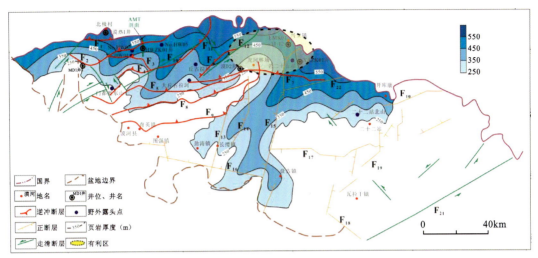

图 6-11　漠河盆地页岩气资源有利区预测图

4.0%),有机质类型以 II 型为主,有机质成熟度已经达到了中等—高等成熟阶段($R_o>$ 1.2%),具有较好的生气能力。

其次,从储气性能来看,该区域处于额木尔河逆冲推覆带向前陆带过渡的位置。其西部区域属于额木尔河逆冲推覆带的中带,构造挤压作用强烈,泥页岩储层致密,孔隙度极低(<1%);而位于该区域东南部的前陆区,虽然构造活动相对较弱,但泥页岩分布有限。该区域主体位于前锋带,构造挤压作用相对较弱,泥页岩储层相对疏松,且发育大量的张性微裂缝,储集性能相对较好。从可压裂性角度上看,中侏罗统湖相泥页岩黏土矿物含量较高(>30%),但页岩中石英等脆性矿物成分主体大于 40%,在区域强烈的构造挤压和埋藏压实作用下,岩石刚性较强、易于压裂但过于致密不利于储气;相对而言,前锋带泥页岩中有大量微裂缝存在,可在兼顾提升储气能力的同时拥有相对较好的压裂性能。

最后,从构造保存条件来看,该区域受逆冲推覆构造带的影响相对较弱,以宽缓的褶皱变形为主,大型断裂分布相对较少,而且远离火山岩分布区,具有相对较好的保存条件。

在地质条件满足的基础上,从埋深来看,盆地中北部 3000m 以浅的地层中黑色泥页岩含量较高,埋藏适中,利于页岩气的经济开发。大兴安岭地区水源丰富、地表相对平缓,中俄输气管道的投入使用和伴行公路较为便利。因此,该区域在页岩气的开采和开发方面具备了一定的地理环境、管网运输和配套设施等基础条件。

主要参考文献

安丰全,1998. 利用测井资料进行裂缝的定量识别[J]. 石油物探,37(3):119-123.

曹涛涛,宋之光,罗厚勇,等,2015. 煤、油页岩和页岩微观孔隙差异及其储集机理[J]. 天然气地球科学,26(11):2208-2218.

陈吉,肖贤明,2013. 南方古生界3套富有机质页岩矿物组成与脆性分析[J]. 煤炭学报,38(5):822-826.

崔景伟,邹才能,朱如凯,等,2012. 页岩孔隙研究新进展[J]. 地球科学进展,27(12):1319-1325.

党伟,张金川,黄潇,等,2015. 陆相页岩含气性主控地质因素——以辽河西部凹陷沙河街组三段为例[J]. 石油学报,36(12):1516-1530.

邓磊,文志刚,刘蕴,等,2015a. 漠河盆地漠河组天然气水合物潜在气源岩评价[J]. 特种油气藏,22(5):33-37.

邓磊,文志刚,唐婧,2015b. 漠河盆地中侏罗统天然气水合物储层特征及评价[J]. 西安石油大学学报(自然科学版),30(2):8-24.

丁文龙,许长春,久凯,等,2011. 泥页岩裂缝研究进展[J]. 地球科学进展,26(2):135-144.

耳闯,赵靖舟,白玉彬,等,2013. 鄂尔多斯盆地三叠系延长组富有机质泥页岩储层特征[J]. 石油与天然气地质,34(5):709-716.

高红梅,高福红,张月巧,2010. 黑龙江省漠河盆地早白垩世火山岩系烃源岩生烃潜力研究[J]. 科技导报,28(2):81-85.

高小跃,刘洛夫,尚小庆,等,2013. 塔里木盆地侏罗系泥页岩储层特征与页岩气成藏地质背景[J]. 石油学报,34(4):647-659.

郭彤楼,2016. 中国式页岩气关键地质问题与成藏富集主控因素[J]. 石油勘探与开发,43(3):317-326.

郭旭升,胡东风,李宇平,等,2017. 涪陵页岩气田富集高产主控地质因素[J]. 石油勘探与开发,44(4):481-491.

郭旭升,李宇平,刘若冰,等,2014. 四川盆地焦石坝地区龙马溪组页岩微观孔隙结构特征及其控制因素[J]. 天然气工业,34(6):9-16.

何生,侯宇光,唐大卿,等,2015. 黑龙江省漠河盆地演化机制与天然气资源前景研究[R]. 武汉:中国地质大学(武汉).

主要参考文献

何生,叶加仁,徐思煌,等,2010. 石油及天然气地质学[M]. 武汉:中国地质大学出版社.

何治亮,聂海宽,张钰莹,2016. 四川盆地及其周缘奥陶系五峰组—志留系龙马溪组页岩气富集主控因素分析[J]. 地学前缘,23(2):8-17.

和政军,李锦轶,莫申国,等,2003. 漠河前陆盆地砂岩岩石地球化学的构造背景和物源区分析[J]. 中国科学(D辑:地球科学),33(12):1219-1226.

和钟铧,刘招君,郭宏伟,等,2008. 漠河盆地中侏罗世沉积源区分析及地质意义[J]. 吉林大学学报(地球科学版),38(3):398-404.

侯伟,刘招君,何玉平,等,2010a. 砂岩稀土元素地球化学特征在沉积物源区分析中的应用——以中国东北漠河盆地中侏罗统为例[J]. 沉积学报,28(2):285-293.

侯伟,刘招君,何玉平,等,2010b. 漠河盆地上侏罗统物源分析及其地质意义[J]. 地质论评,56(1):71-81.

侯伟,刘招君,何玉平,等,2010c. 漠河盆地上侏罗统沉积特征与构造背景[J]. 吉林大学学报(地球科学版),40(2):286-297.

侯宇光,何生,易积正,等,2014. 页岩孔隙结构对甲烷吸附能力的影响[J]. 石油勘探与开发,41(2):248-256.

胡宗全,杜伟,彭勇民,等,2015. 页岩微观孔隙特征及源-储关系——以川东南地区五峰组—龙马溪组为例[J]. 石油与天然气地质,36(6):1001-1008.

吉利明,邱军利,宋之光,等,2014. 黏土岩孔隙内表面积对甲烷吸附能力的影响[J]. 地球化学,43(3):238-244.

吉利明,张林晔,李钜源,等,2012. 渤海湾盆地东营凹陷泥页岩有机储集空间研究[J]. 石油实验地质,34(4):352-256.

焦堃,姚素平,吴浩,等,2014. 页岩气储层孔隙系统表征方法研究进展[J]. 高校地质报,20(1):151-161.

久凯,丁文龙,李玉喜,等,2012. 黔北地区构造特征与下寒武统页岩气储层裂缝研究[J]. 天然气地球科学,23(4):797-803.

李春雷,2007. 漠河盆地构造特征演化与成盆动力学研究[D]. 北京:中国地质大学(北京).

李海波,朱巨义,郭和坤,2008. 核磁共振T2谱换算孔隙半径分布方法研究[J]. 波谱学杂志,25(2):273-280.

李锦轶,和政军,莫申国,等,2004. 大兴安岭北部绣峰组下部砾岩的形成时代及其大地构造意义[J]. 地质通报,23(2):120-129.

李钜源,2013. 东营凹陷泥页岩矿物组成及脆度分析[J]. 沉积学报,31(4):616-620.

李新景,胡素云,程克明,2007. 北美裂缝性页岩气勘探开发的启示[J]. 石油勘探与开发,34(4):392-400.

李颖莉,蔡进功,2014. 泥质烃源岩中蒙脱石伊利石化对页岩气赋存的影响[J]. 石油实验地质,36(3):352-358.

李政,2011. 东营凹陷页岩气勘探潜力初步评价[D]. 成都:成都理工大学.

刘娇男,朱炎铭,刘宇,等,2015.海陆过渡相泥页岩储层特征研究——以沁水盆地为例[J].煤田地质与勘探,12(6):23-28.

刘晓佳,赵立国,田珺,等,2014.漠河逆冲推覆构造活动时代的ESR年龄证据[J].地质通报,20(3):299-303.

龙鹏宇,张金川,唐玄,等,2011.泥页岩裂缝发育特征及其对页岩气勘探和开发的影响[J].天然气地球科学,22(3):525-532.

卢龙飞,蔡进功,刘文汇,等,2011.泥质烃源岩中蒙皂石与有机质的水桥结合作用——来自原位漫反射红外光谱的证据[J].石油与天然气地质,32(1):47-55,63.

卢龙飞,蔡进功,刘文汇,等,2012.泥质烃源岩中黏土矿物结合有机质热演化的红外发射光谱研究[J].石油实验地质,34(2):215-222.

苗忠英,王晶,潘春孚,等,2013.漠河盆地生物气形成条件及存在证据[J].天然气地球科学,24(3):512-519.

苗忠英,赵省民,邓坚,等,2014.浅变质烃源岩生物标志物地球化学:以漠河盆地漠河组为例[J].地质学报,88(1):134-143.

宁方兴,2008.东营凹陷现河庄地区泥岩裂缝油气藏形成机制[J].新疆石油天然气,4(1):20-25.

任克雄.2016.漠河盆地侏罗系额木尔河组页岩储层地质特征[D].武汉:中国地质大学(武汉).

任克雄,侯宇光,何生,等,2016.漠河盆地上侏罗统额木尔河组陆相泥页岩孔隙结构特征[J].地质科技情报,35(5):66-76.

邵济安,张履桥,1999.大兴安岭中生代伸展造山过程中的岩浆作用[J].地学前缘,6(4):339-345.

孙求实,2013.漠河盆地晚侏罗系以来剥露过程研究[D].长春:吉林大学.

孙同英,2014.页岩气藏物性特征及气体渗流机理研究[D].北京:中国地质大学(北京).

田华,张水昌,柳少波,等,2012.压汞法和气体吸附法研究富有机质页岩孔隙特征[J].石油学报,33(3):419-427.

王道富,王玉满,董大忠,等,2013.川南下寒武统筇竹寺组页岩储集空间定量表征[J].天然气工业,33(7):1-10.

王芙蓉,何生,郑有恒,等,2016.江汉盆地潜江凹陷潜江组盐间页岩油储层矿物组成与脆性特征研究[J].石油实验地质,38(2):211-218.

王建广.2014.漠河盆地油气地质特征及天然气资源前景研究[D].武汉:中国地质大学(武汉).

王启军,陈建渝,1988.油气地球化学[M].武汉:中国地质大学出版社.

王骞,2007.漠河盆地西部构造特征的地球物理研究[D].长春:吉林大学.

王延光,杜启振,2006.泥岩裂缝性储层地震勘探方法初探[J].地球物理学进展,21(2):494-501.

王玉满,董大忠,李建中,等,2012.川南下志留统龙马溪组页岩气储层特征[J].石油学报,33(4):551-561.

魏祥峰,刘若冰,张廷山,等,2013.页岩气储层微观孔隙结构特征及发育控制因素——以川南—黔北××地区龙马溪组为例[J].天然气地球科学,24(5):1048-1059.

吴根耀,冯志强,杨建国,等,2006.中国东北漠河盆地的构造背景和地质演化[J].石油与天然气地质,27(4):528-535.

吴河勇,王世辉,杨建国,等,2004.大庆外围盆地勘探潜力[J].中国石油勘探,23(4):23-30.

吴河勇,辛仁臣,杨建国,2003a.漠河盆地中侏罗统沉积演化及含油气远景[J].石油实验地质,25(2):116-121.

吴河勇,杨建国,黄清华,等,2003b.漠河盆地中生代地层层序及时代[J].地层学杂志,27(3):193-198.

吴松涛,朱如凯,崔京钢,等,2015.鄂尔多斯盆地长7湖相泥页岩孔隙演化特征[J].石油勘探与开发,42(2):167-176.

肖传桃,叶明,文志刚,等,2015.漠河盆地额木尔河群古植物群研究[J].地学前缘,22(3):299-309.

谢庆宾,管守锐,2000.柴达木盆地北缘侏罗系沉积相类型及储集层评价[J].石油勘探与开发,27(2):40-44.

谢晓永,唐洪明,王春华,等,2006.氮气吸附法和压汞法在测试泥页岩孔径分布中的对比[J].天然气工业,26(12):100-102.

辛仁臣,吴河勇,杨建国,2003.漠河盆地上侏罗统层序地层格架[J].地层学杂志,27(3):199-204.

许怀先,陈丽华,万玉金,等,2001.石油地质试验测试技术与应用[M].北京:石油工业出版社.

许小强,姜呈馥,高栋臣,等,2013.鄂尔多斯盆地东南部延长组长7页岩气储层裂缝特征及其控制因素[J].延安大学学报(自然科学版),32(4):82-89.

薛莲花,杨巍,仲佳爱,等,2015.富有机质页岩生烃阶段孔隙演化——来自鄂尔多斯延长组地质条件约束下的热模拟实验证据[J].地质学报,89(5):970-978.

杨迪,刘树根,单钰铭,等,2013.四川盆地东南部习水地区上奥陶统—下志留统泥页岩裂缝发育特征[J].成都理工大学学报(自然科学版),40(5):543-553.

杨峰,宁正福,孔德涛,等,2013.高压压汞法和氮气吸附法分析页岩孔隙结构[J].天然气地球科学,24(3):450-455.

杨锐,何生,胡东风,等,2015.焦石坝地区五峰组—龙马溪组页岩孔隙结构特征及其主控因素[J].地质科技情报,34(5):105-113.

原园,姜振学,喻宸,等,2015.柴北缘中侏罗统湖相泥页岩储层矿物组成与脆性特征[J].高校地质学报,21(1):117-123.

袁雷雷,2014.巢北地区二叠系页岩裂缝发育特征及主控因素分析[D].徐州:中国矿业大学.

张吉振,李贤庆,王刚,等,2016.四川盆地南部上二叠统龙潭组页岩气储集层矿物组成特征及意义[J].矿物岩石地球化学通报,35(5):957-965.

张顺,林春明,吴朝东,等,2003.黑龙江漠河盆地构造特征与成盆演化[J].高校地质学报,9(3):411-419.

张兴洲,郭冶,曾振,等,2015.东北地区中—新生代盆地群形成演化的动力学背景[J].地学前缘,22(3):88-98.

张兴洲,马玉霞,迟效国,等,2012.东北及内蒙古东部地区显生宙构造演化的有关问题[J].吉林大学学报(地球科学版),42(5):1269-1285.

赵迪斐,解德录,臧俊超,等,2014.页岩储层矿物成分及相关讨论[J].煤炭技术,33(4):92-95.

赵省民,邓坚,李锦平,等,2011.漠河多年冻土区天然气水合物的形成条件及成藏潜力研究[J].地质学报,54(9):1536-1550.

赵省民,邓坚,饶竹,等,2015.漠河盆地多年冻土带生物气的发现及对陆域天然气水合物勘查的重要意义[J].石油学报,36(8):954-965.

赵文智,李建忠,杨涛,等,2016.中国南方海相页岩气成藏差异性比较与意义[J].石油勘探与开发,43(4):499-510.

赵艳,2014.柴达木盆地东部石炭系页岩展布及裂缝发育特征[D].北京:中国地质大学(北京).

朱日房,张林晔,李钜源,等,2012.渤海湾盆地东营凹陷泥页岩有机储集空间研究[J].石油实验地质,34(4):352-256.

邹才能,董大忠,王玉满,等,2015.中国页岩气特征、挑战及前景(一)[J].石油勘探与开发,42(6):689-701.

邹才能,董大忠,王社教,等,2010.中国页岩气形成机理、地质特征及资源潜力[J].石油勘探与开发,37(6):641-653.

邹才能,朱如凯,白斌,等,2011.中国油气储层中纳米孔首次发现及其科学价值[J].岩石学报,27(6):1857-1864.

AMBROSE RAY J, HARTMAN ROBERT C, DIAZ-CAMPOS MERY, et al., 2010. New pore-scale considerations for shale gas in place calculations [J]. SPE, 131772: 1-17.

BARRETT E P, JOYNER L G, HALENDA P H, 1951. The determination of pore volume and area distributions in porous substance I: Computations from nitrogen isotherms [J]. Journal of the American Chemical Society, 73(1): 373-380.

BOWKER K A, 2007. Barnett shale gas production, Fort Worth Basin: Issues and discussion[J]. AAPG Bulletin, 91:523-533.

BUSTIN R M, BUSTIN A M M, CUI X, et al., 2008. Impact of shaleproperties on pore structure and storage characteristics[C]//SPE paper 119892 presented at the society of petroleum engineers shale gas production conference in Fort Worth, Texas.

CHALMERS G, BUSTIN R M, POWERS I, 2009. A pore by any other name would be as small: The importance of meso-and microporosity in shale gas capacity[C]. Denver: AAPG Annual Convention and Exhibition: 7 – 10.

CHALMERS G R L, BUSTIN R M,2007. The organic matter distribution and methane capacity of the Lower Cretaceous strata of northeastern British Columbia, Canada[J]. International Journal of Coal Geology, 70: 223 – 239.

CHALMERS G R L, BUSTIN R M,2008. Lower Cretaceous gas shales in northeastern British Columbia, Part I: geological controls on methane sorption capacity[J]. Bulletin of Canadian Petroleum Geology, 56: 1 – 21.

CHALMERS G R, BUSTIN R M, POWER I M, 2012. Characterization of gas shale pore systems by porosimetry, pycnometry, surface area, and field emission scanning electron microscopy/transmission electron microscopy image analyses: examples from the barnett, woodford, haynesville, marcellus, and doig units[J]. AAPG Bulletin, 6(96): 1099 – 1119.

CURTIS M E, CARDOTT B J, SONDERGELD C H, et al., 2012. Development of organic porosity in the Woodford Shale with increasing thermal maturity[J]. International Journal of Coal Geology, 103: 26 – 31.

CURTIS J B,2002. Fractured shale-gas systems[J]. American Association of Petroleum Geologists Bulletin, 86: 1921 – 1938.

DE BOER J H,1958. The shape of capillaries[M]// EVERTT D H, OTTEWILL R H. The structure and properties of porous materials. London: Butterworths:68 – 94.

DING W L, LI C, LI C Y,et al.,2012. Fracture development in shale and its relationship to gas accumulation[J]. Geoscience Frontiers,3: 97 – 105.

DOBRETSOV N L, SKLYAROV E V, 1988. Blueschist belts of South Siberia[C]// Abstract of Third International Symposium on Pre-Jurassic Evolution of East Asia.

DONG T, HARRIS N B, AYRANCI K,et al.,2017. The impact of rock composition on geomechanical properties of a shale formation: middle and upper Devonian horn river group shale, Northeast British Columbia, Canada[J]. American Association of Petroleum Geologists Bulletin,101: 177 – 204.

DONG T, HE S, CHEN M F,et al., 2019. Quartz types and origins in the paleozoic Wufeng-Longmaxi Formations, Eastern Sichuan Basin, China: Implications for porosity preservation in shale reservoirs[J]. Marine and Petroleum Geology, 106:62 – 73.

GALE J F W, REED R M, HOLDER J, 2007. Natural fractures in the Barnett Shale and their importance for hydraulic fracture treatments[J]. AAPG Bulletin, 91: 603 – 622.

GUO T L, ZENG P, 2015. The structural and preservation conditions for shale gas enrichment and high productivity in the Wufeng-Longmaxi Formation, Southeastern Sichuan Basin[J]. Energy Exploration & Exploitation, 33: 259 – 276.

HAMMES U, HAMLIN H S, EWING T E., 2011, Geologic analysis of the Upper Jurassic Haynesville shale in east Texas and west Louisiana[J]. AAPG Bulletin, 95(10):

1643-1666.

HAO F, ZHOU X H, ZHU Y M, et al., 2009. Mechanisms of petroleum accumulation in the Bozhong sub-basin, Bohai Bay Basin, China. Part 1: Origin and occurrence of crude oils[J]. Marine and Petroleum Geology, 26: 1528-1542.

HAO F, ZOU H, 2013. Cause of shale gas geochemical anomalies and mechanisms for gas enrichment and depletion in high-maturity shales[J]. Mar. Pet. Geol, 44:1-12.

HAO F, ZOU H, LU Y, 2013. Mechanisms of shale gas storage: implications for shale gas exploration in China[J]. AAPG (Am. Assoc. Pet. Geol.) Bull, 97: 1325-1346.

HARRIS N B, FREEMAN K H, PANCOST R D, et al., 2004. The character and origin of lacustrine source rocks in the Lower Cretaceous synrift section, Congo Basin, west Africa[J]. American Association of Petroleum Geologists Bulletin, 88: 1163-1184.

HARRIS N B, MCMILLAN J M, KNAPP L J, et al., 2018. Organic matter accumulation in the Upper Devonian Duvernay Formation, Western Canada Sedimentary Basin, from sequence stratigraphic analysis and geochemical proxies[J]. Sedimentary Geology, 376: 185-203.

HILDENBRAND A, KROOSS B M, BUSCH A, et al., 2006. Evolution of methane sorption capacity of coal seams as a function of burial history-a case study from the Campine Basin, NE Belgium[J]. International Journal of Coal Geology, 66: 179-203.

HILL D G, LOMBARDI T T, MARTIN J P, 2004. Fractured shale gas potential in New York[J]. Northeastern Geology & Environment Science, 26:1-49.

HOU Y G, HE S, HARRIS N B, et al., 2017. The effects of shale composition and pore structure on gas adsorption potential in highly maturity marine shales, Lower Paleozoic, central Yangtze, China[J]. Can. J. Earth. Sci, 54: 1033-1048.

HOU Y G, HE S, WANG J G, et al., 2015. Preliminary study on the pore characterization of lacustrine shale reservoirs using low pressure nitrogen adsorption and field emission scanning electron microscopy methods: a case study of the Upper Jurassic Emuerhe Formation, Mohe basin, northeastern China[J]. Canadian Journal of Earth Sciences, 52: 1-13.

HOU Y G, REN K X, HE S, et al., 2020. Properties and shale gas potential of continental shales in the Jurassic Mohe Foreland Basin, northern China[J]. Geological Journal, 55:7531-7547.

HUGHES W B, HOLBA A G, DZOU L I P, 1995. The ratios of dibenzothiophene to phenanthrene and pristane to phytane as indicators of depositional environment and lithology of petroleum source rocks[J]. Geochimica et Cosmochimica Acta, 59: 3581-3598.

JARVIE D M, HILL R J, RUBLE T E, et al., 2007. Unconventional shale-gas systems: The Mississippian Barnett Shale of north-central Texas as one model for thermogenic shale-gas assessment[J]. American Association of Petroleum Geologists Bulletin, 91: 475-

499.

KROOSS B M, VAN BERGEN F, GENSTERBLUM Y,et al.,2002. High-pressure methane and carbon dioxide adsorption on dry and moisture-equilibrated Pennsylvanian coals [J]. International Journal of Coal Geology, 51: 69 – 92.

LOUCKS R G, REED R M, RUPPEL S C, et al.,2009. Morphology,genesis,and distribution of nanometer-scale pores in siliceous mudstones of the mississippianbarnett shale [J]. Journal of Sedimentary Research, 79(11 – 12): 848 – 861.

LOUCKS R G, REED R M, RUPPEL S C, et al.,2012. Spectrum of pore types and networks in mudrocks and adescriptive classification for matrixrelated mudrock pores[J]. AAPG Bulletin, 96(6): 1071 – 1098.

LOUCKS R G, RUPPEL S C,2007. Mississippian Barnett Shale: Lithofacies and depositional setting of a deep-water shale-gas succession in the Fort Worth Basin, Texas[J]. AAPG Bulletin, 91(4): 579 – 601.

LU X C, LI F C, WATSON A T,1995. Adsorption measurements in Devonian shales [J]. Fuel, 74: 599 – 603.

MAEX K, BAKLANOV M R, SHAMIRYAN D, et al.,2003. Low dielectric constant materials for microelectronics[J]. Journal of Applied Physics, 93(11): 8793 – 8841.

METWALLY YASSER M, EVGENI M CHESNOKOV ,2012. Clay mineral transformation as a major source for authigenic quartz in thermo-mature gas shale[J]. Applied Clay Science, 55: 138 – 150.

MILLIKEN K L, RUDNICKI M, AWWILLER D N,et al.,2012. Organic matter-hosted pore system, Marcellus Formation (Devonian), Pennsylvania[J]. American Association of Petroleum Geologists Bulletin, 97: 177 – 200.

NEIL S FISHMAN, PAUL C HACKLEY, HEATHER A LOWERS, et al.,2012. The nature of porosity in organic-rich mudstones of the Upper Jurassic Kimmeridge Clay Formation, North Sea, offshore United Kingdom[J]. International Journal of Coal Geology, 103: 32 – 50.

PRESTON J C, EDWARDS D S,2000. The petroleum geochemistry of oils and sourcerocks from the north Bonaparte Basin, offshore northern Australia[J]. Australian Petroleum Production and Exploration Association Journal, 40: 257 – 282.

PRIEH A, ALAVI S A, GHASSEMI M R,et al., 2015. Analysis of natural fractures and effect of deformation intensity on fracture density in Garau formation for shale gas development within two anticlines of Zagros fold and thrust belt, Iran[J]. Journal of Petroleum Science and Engineering, 125: 162 – 180.

RADLINSKI A P, MASTALERZ M, HINDE A L, et al.,2004. Application of saxs and sans in evaluation of porosity, pore size distribution and surface area of coal[J]. International Journal of Coal Geology, 59(3 – 4): 245 – 271.

ROSS D J K, BUSTIN R M, 2008. Characterizing the shale gas resource potential of Devonian-Mississippian strata in the Western Canada sedimentary basin: application of an integrated formation evaluation[J]. American Association of Petroleum Geologists Bulletin, 92: 87 - 125.

ROSS D J K, BUSTIN R M, 2007. Shale gas potential of the Lower Jurassic Gordondale Member, northeastern British Columbia, Canada[J]. Bulletin of Canadian Petroleum Geology, 55: 51 - 75.

ROSS D J K, BUSTIN R M, 2009. The importance of shale composition and pore structure upon gas storage potential of shale gas reservoirs[J]. Marine and Petroleum Geology, 26: 916 - 927.

SCHETTLER P D, PARMOLY C R, 1990. The measurement of gas desorption isotherms for Devonian shale[J]. GRI Devonian Gas Shale Technology Review, 7: 4 - 9.

SINGH P, SLATT R, BORGES G, et al., 2009. Reservoir characterization of unconventional gas shale reservoirs: Example from the Barnett Shale, Texas, USA[J]. Oklahoma City Geological Society, 60(1): 15 - 31.

SINNINGHE DAMSTé J S, KENIG F, KOOPMANS M P, et al., 1995. Evidence for gammacerane as an indicator of water column stratification[J]. Geochimica et Cosmochimica Acta, 59: 1895 - 1900.

SLATT R M, O'BRIEN N R, 2011. Pore types in the Barnett and Woodford gas shales: Contribution to understanding gas storage and migration pathways in fine-grained rocks[J]. AAPG Bulletin, 95(12): 2017 - 2030.

VALZONE C, RINALDI J O, ORTIGA J, 2002. N_2 and CO_2 adsorption by TMA-and HDP-monrmorillonites[J]. Material Research, 5: 475 - 479.

VAN DE KAMP, 2008. Smectite-illite-muscovite transformation, quartz dissolution, and silica release in shales[J]. Clays and Clay Minerals, 56: 66 - 81.

VENARUZZO J L, VOLZONE C, RUEDA M L, et al., 2002. Modified bentonitic clay minerals as adsorbents of CO, CO_2 and SO_2 gases[J]. Microporous and Mesoporous Materials, 56: 73 - 80.

VOLK H, GEORGE S C, MIDDLETON H, et al., 2005. Geochemical comparison of fluid inclusion and present-day oil accumulations in the Papuan Foreland-evidence for previously unrecognised petroleum source rocks[J]. Organic Geochemistry, 36: 29 - 51.

WANG G C, CARR T R, 2013. Organic-rich Marcellus Shale lithofacies modeling and distribution pattern analysis in the Appalachian basin[J]. American Association of Petroleum Geologists Bulletin, 97: 2173 - 2205.

XIE X M, LI M W, LITTKE R, et al., 2016. Petrographic and geochemical characterization of microfacies in a lacustrine shale oil system in the Dongying sag, Liyang depression, Bohai Bay basin, eastern China [J]. International Journal of Coal Geology,

165: 49 – 63.

YANG C, ZHANG J C, TANG X, 2013. Microscopic pore types and its impact on the storage and permeability of continental shale gas, Ordos basin[J]. Earth Science Frontiers, 20: 240 – 250. (in Chinese with English Abstract.)

YANG Z, ZOU C N, 2019. "Exploring petroleum inside source kitchen": Connotation and prospects of source rock oil and gas[J]. Petro. Explor. Dev, 46:1 – 12.

ZHANG Y Y, HE Z L, JIANG S, et al., 2018. Factors affecting shale gas accumulation in the over mature shales-case study from the Lower Cambrian shale in the western Sichuan Basin, south China[J]. Energy & Fuels, 32: 3003 – 3012.

ZHAO X M, DENG J, LI J P, et al., 2012. Gas hydrate formation and its accumulation potential in Mohe permafrost, China[J]. Marine and Petroleum Geology, 35(1): 166 – 175.

ZHU Y M, WENG H X, SU A G, et al., 2005. Geochemical characteristics of Tertiary saline lacustrine oils in the Western Qaidam Basin, Northwest China[J]. App. Geochem, 20:1875 – 1889.

ZOU C N, YANG Z, CUI J W, et al., 2013. Formation mechanism, geological characteristics and development strategy of nonmarine shale oil in China[J]. Petroleum Exploration & Development, 40: 14 – 26.

ZOU C N, ZHU R K, CHEN Z Q, et al., 2019. Organic-matter-rich shales of China[J]. Earth-Science Reviews, 189: 51 – 78.

ZOU C, DONG D, WANG S, et al., 2010. Geological characteristics and resource potential of shale gas in China[J]. Petro. Explor. Dev., 37: 641 – 653.